완전합격 한국산업인력공단 새 출제기준 반영!

한식조리 산업기사 실기문제

대한민국 대표브랜드
국가자격 시험문제 전문출판
에듀크라운
국가자격시험문제전문출판
www.educrown.co.kr
최고의 적중률!! 최고의 합격률!!
크라운출판사
제과제빵 · 조리 등서비스서적사업부
http://www.crownbook.com

저자소개

전경철

경기대학교 대학원 외식조리관리학전공 박사 졸업(관광학박사)
경기대학교 대학원 외식산업경영전공 석사 졸업(관광학석사)
현) 혜전대학교 호텔조리외식계열 교수
전) 경기대학교 외식조리관리학과 겸임교수
전) 그랜드인터컨티넨탈호텔서울 chef
국가공인 조리기능장(2004)
한국산업인력공단 국가기술자격검정 출제 및 검토위원
조리기능장, 조리산업기사, 조리기능사 감독위원
대한민국 조리 국가대표 / 국제요리대회 21회 수상
전국기능경기대회, 지방기능경기대회 요리종목 심사위원
2010 한식홍보대사선발 조리경연대회 대상
2010 뉴욕, 워싱턴 세계한식홍보축제팀 단장
2011 한식홍보대사선발 조리경연대회 심사위원장
저서 및 논문 - 최근 한식조리산업기사 / 조리기능장 필기, 실기편 외 다수

전장철

경기대학교 대학원 외식조리관리전공 박사 졸업(외식경영학박사)
경기대학교 대학원 외식조리관리전공 석사 졸업(외식경영학석사)
경기대학교 외식 · 조리학전공 졸업(관광학사),경영학전공(경영학사)
대한민국 조리 국가대표
국제요리대회 다수 수상
현) 국가공인 조리기능사, 산업기사 시험 감독위원
현) 삼성웰스토리 FS사업부 재직

임점희

세종대학교 대학원 외식조리경영학과 박사 졸업(조리학박사)
세종대학교 대학원 외식조리경영학과 석사 졸업(조리학석사)
국제요리전문학교 학과장
국가공인 조리기능장
한국산업인력공단 조리실기시험 감독위원
한국국제요리대회 및 세계요리대회 10회 수상
대한민국요리경연대회 심사위원
저서 및 논문 - 한식조리산업기사 실기편 외 다수

이 책에 대한 내용문의는 kcjeon365@hanmail.net으로 문의하시기 바랍니다.

들어가는 말

2020년 특급호텔과 전문레스토랑이 국내에 많이 오픈되고 대학의 조리관련학과가 개설되면서 전문학교, 학원, 문화센터 등에서도 요리에 대한 관심이 높아져 조리관련학과 학생은 물론 직장인, 주부들까지도 자격증 취득을 하는 시대가 되었습니다.

취업을 위한 경쟁이 심화되면서 고등학교 및 조리관련 대학전공자들은 한식 · 양식 · 중식 · 일식 · 복어 조리기능사 및 제과 · 제빵기능사 취득은 물론 더 나아가 조주사, 소믈리에, 바리스타 등 국가 · 민간자격증을 취득 후 졸업을 하고 있습니다. 그래서 호텔 또는 전문레스토랑에 취업하고자 할 때 자격증의 취득 유 · 무는 현실적으로 중요하며, 취업 후에도 현장에서의 개개인의 역량평가에서도 중요하게 생각되고 있습니다. 또한 기업에서도 희망퇴직 · 구조조정 등으로 기능직도 정년보장이 되지 않은 불안정한 노동시장에서 자기개발을 위한 노력이 필요하게 되었습니다. 특히 2000년 이후 한국음식의 세계화를 위해 정부는 물론 전문가들의 연구가 끊임없이 이루어지고 있고, 건강지향적인 한국음식의 발전에도 힘을 쏟고 있습니다. 그리하여 한식조리 관련자는 물론 타 조리관련자까지도 한식관련 자격증 취득이 무엇보다도 중요해졌습니다.

따라서 좀 더 쉽게 자격증을 취득할 수 있도록 다년간의 현장경험과 교육경험 그리고 기능사, 산업기사, 기능장 시험 감독위원 경험을 바탕으로 이 책을 집필하였습니다. 짧은 시간에도 수험생들이 효과적인 학습을 할 수 있도록 한국의 전통음식과 궁중음식, 향토음식 등 한식조리과정을 싣고, 또한 다년간의 기출문제를 분석하고, 예상문제를 쉽고 명확하게 설명하였습니다. 그래서 학습 후 정확하고 체계적인 작품을 효율적으로 만들어 자격증 취득을 용이하게 할 수 있도록 하였습니다. 최근 출제시험 기준에 맞도록 열정을 다해 탈고하였지만 부족한 부분에 대해서는 수정 · 보완을 거듭할 것을 약속드립니다.

이 교재를 통해 한식조리산업기사 자격검정을 준비하는 모든 수험생들에게 합격의 영광과 함께 보다 더 한국음식을 사랑하고 올바른 조리방법을 터득하는 기회가 되길 기원합니다.

끝으로 이 교재 집필에 도움을 주신 관계자 여러분과 크라운출판사 이상원 회장님과 특별기획편집팀의 모든 직원 여러분께 진심으로 감사드리며, 수험생 여러분에게 꼭 합격의 영광이 있기를 다시 한 번 기원합니다.

저자일동

한식조리산업기사 실기시험문제 Contents*

한식조리산업기사 시험안내

1 한식조리산업기사 개요

외식산업이 점점 대형화 · 전문화하면서 조리업무 전반에 대한 기술 · 인력 · 경영관리를 담당할 전문인력의 필요성이 커지고 있다. 이에 따라 정부는 기존의 기능만을 평가하는 조리기능사 자격으로는 외식산업 발전에 한계가 있다고 보고 조리산업 중간관리자의 기술과 관리능력을 평가하는 조리산업기사 자격을 신설했다. 조리산업기사는 외식업체 등 조리산업 관련기관에서 조리업무가 효율적으로 이뤄질 수 있도록 관리하는 역할을 맡는다. 한식, 중식, 일식, 양식, 복어조리부문에 배속되어 제공될 음식에 대한 계획을 세우고 조리할 재료를 선정, 구입, 검수하고 선정된 재료를 적정한 조리기구를 사용하여 조리 업무를 수행하며 또한 음식을 제공하는 장소에서 조리시설 및 기구를 위생적으로 관리, 유지하고, 필요한 각종 재료를 구입, 위생학적, 영양학적으로 저장 관리하면서 제공될 음식을 조리하여 제공하는 직종이다.

2 수행직무

응시하고자 하는 종목에 관한 기술기초이론지식 또는 숙련기능을 바탕으로 조리에 관한 복합적인 기능 업무를 수행한다.

3 진로 및 전망

식품접객업 및 집단 급식소 등에서 조리사로 근무하거나 운영이 가능하며, 조리에 대한 전문가로 인정받게 되면 높은 수익과 직업적 안정성을 보장받게 된다.

4 자격시험안내

(1) 시행처

한국산업인력공단

(2) 응시자격

① 기능사 등급 이상의 자격을 취득한 후 응시하려는 종목이 속하는 동일 및 유사 직무분야에 1년 이상 실무에 종사한 사람
② 응시하려는 종목이 속하는 동일 및 유사 직무분야의 다른 종목의 산업기사 등급 이상의 자격을 취득한 사람
③ 관련학과의 2년제 또는 3년제 전문대학졸업자 등 또는 그 졸업예정자
④ 관련학과의 대학졸업자 등 또는 그 졸업예정자
⑤ 동일 및 유사 직무분야의 산업기사 수준 기술훈련과정 이수자 또는 그 이수예정자
⑥ 응시하려는 종목이 속하는 동일 및 유사 직무분야에서 2년 이상 실무에 종사한 사람
⑦ 고용노동부령으로 정하는 기능경기대회 입상자
⑧ 외국에서 동일한 종목에 해당하는 자격을 취득한 사람

(3) 취득방법

① 시험일자

구분	필기원서 접수	필기시험	필기합격 (예정자)발표	실기원서 접수	실기시험	최종합격 발표일
1회 정기 기사	1월 말~2월 초	3월 초	3월 중순	3월 중순	4월 중순~5월 초	5월 초, 5월 말
3회 정기 기사	7월 말	8월 중순	8월 말	8월 말~9월 초	10월 초~10월 중순	10월 중순, 11월 중순

② 시험과목

필기	실기
식품위생 및 관련법규, 식품학, 조리이론 및 급식관리, 공중보건학	한식조리실무

(4) 검정방법 및 합격기준

구분	조리산업기사
검정방법	• 필기 : 객관식 4지 택일형 과목당 20문항(과목당 30분) • 실기 : 작업형(2시간 정도)
합격기준	• 필기 : 100점 만점으로 과목당 40점 이상, 전과목 평균 60점 이상 • 실기 : 100점을 만점으로 하여 60점 이상

5 실기시험 진행 방법

① 수험자는 자신의 수검번호와 시험날짜 및 시간, 장소를 정확히 확인하여 지정된 시험시간 30분 전에 시험장에 도착하여 수험자 대기실에서 대기한다.

② 출석을 확인한 후 비번호(등번호)를 배정받고 대기실에서 실기시험장 내로 이동한다.

③ 각자의 등번호와 같은 조리대를 찾아 개인 준비물을 꺼내 놓고 정돈하며 본부요원의 지시에 따라 시험 볼 주재료와 양념류를 확인하고 조리기구를 점검한다.

④ 지급재료 목록표와 본인이 지급받은 재료를 비교하여 차이가 없는지 확인하고 차이가 있으면 시험위원에게 알려 시험이 시작되기 전에 조치를 받도록 한다.

⑤ 시험시작을 알리면 음식 만들기에 들어간다.

⑥ 수험자 요구사항을 충분히 숙지하여 정해진 시간 내에 지정된 조리작품 두 가지를 만들어 등번호표와 함께 제출하고 이어서 청소 및 정돈을 한다.

⑦ 익혀야 할 음식을 익히지 않았거나 태웠을 경우, 요구사항에 나와 있는 작품의 개수보다 부족할 경우, 연장시간을 사용할 경우 채점대상에서 제외된다.

6 시험장에서의 주의사항

① 조리산업기사로서 갖추어야 할 숙련도, 재료관리, 작품의 예술성을 나타내어야 합니다.
② 시설은 지정된 것을 사용하여야 하고 지정된 지참공구목록 이외의 조리기구나 재료를 시험장 내에 지참할 수 없습니다.
③ 조리기구 중 가스렌지 및 칼 등을 사용할 때에는 안전에 유념하여야 합니다.
④ 지급재료는 1회에 한하여 지급되며 재지급은 하지 않습니다.
⑤ 지급된 재료는 최대한 활용합니다.
⑥ 연장시간은 없으며 표준시간을 초과할 경우 미완성으로 채점대상에서 제외합니다.
⑦ 다음과 같은 경우에는 채점대상에서 제외합니다.
- 시험시간 내에 작품을 제출하지 못한 경우 : 미완성
- 시험시간 내에 제출된 작품이라도 다음과 같은 경우
  - 불을 사용하여 만든 조리작품이 작품특성에 벗어나는 정도로 타거나 익지 않은 경우 : 실격
  - 가스렌지 화구 2개 이상 사용한 경우 : 실격
  - 구이를 찜으로 조리하는 등과 같이 요리의 형태를 다르게 만든 경우 : 오작
  - 문제의 요구사항대로 과제의 수량이 만들어지지 않은 경우 : 미완성

⑧ 완료 후 작품을 지정된 장소에 신속히 제출하여야 합니다.
⑨ 작품을 제출한 다음 본인이 조리한 장소의 주변을 깨끗이 청소하고 조리기구를 정돈한 후 지시에 따라 퇴실합니다.

7 실기시험 시 수험자 지참도구

지참공구명	규격	수량	지참공구명	규격	수량
위생복	상의-백색/긴팔, 하의-긴바지(색상무관)	1벌	대바칼, 사시미칼 (껍질까는 칼)	소형	1개
위생모 또는 머리수건	백색	1개	소창 또는 면포	30×30cm	1장
앞치마	백색(남, 여 공용)	1개	후라이팬	소형	1개
위생타올	–	1매	롱스푼(구멍, 일반)	–	1개
칼	조리용	1개	차스푼	–	2개
고무주걱, 나무주걱	소	1개	석쇠	조리용	1개
거품기	중	1개	고기 두드림망치	소	1개
대나무 젓가락	40~50cm	1개	조리용 실(굵은 실)	스테이크 고정용	1개
계량컵	200㎖	1개	쇠조리(혹은 채)	조리용	1개
계량스푼	큰술, 작은술 1/2작은술, 1/4작은술	1세트	종이컵, 종이(A4용지)	–	1개
숟가락	조리용, 30cm 정도	1개	비닐팩	–	1개
젓가락	소독저	1개	밀대	소	1개
파링 나이프	소형칼	1개	랩, 호일	조리용	1개
짜주머니	작은 것	1개	김발	20cm 정도	1개
장식튜브	–	1세트	국대접	소	1개
제과용 붓	소형	1개	공기	소	1개
도마	흰색 또는 나무도마	1개	이쑤시개	–	1개

8 조리산업기사 한식 채점기준표

주요항목(배점)	세부항목	항목별 채점방법
위생상태 안전관리 (10점)	복장 및 개인위생상태	복장(위생복, 앞치마, 위생모, 안전화 착용, 시계, 반지, 귀걸이 등 장신구 착용금지) 및 개인위생(3점)
	조리과정의 위생상태	각 조리과정에서 재료와 조리기구(도마, 칼, 행주 등)의 취급(3점)
	정리정돈 및 청소상태	개인별로 지급된 기구류의 정돈(가스렌지, 씽크대 등)과 작업 주위(테이블의 정리정돈 등)의 청소(2점)
	안전관리	시설 · 장비(화구 사용, 칼집 사용, 가스밸브 개폐기 사용, 조리 작업 종료 후 가스밸브 잠금 등)를 안전하게 사용(2점)
조리작업 조리기술 조리숙련도 (70점)	재료손질(다루기)하기	재료의 손질 및 세척, 다루기의 능숙 정도(7점)
	재료분배하기	조리에 맞게 재료를 분배하는 정도(7점)
	전처리 작업	조리에 맞는 전처리를 하는 정도(삶기, 데치기, 두드리기, 찢기 등)(6점)
	썰기작업	규격에 맞게 썰기 작업하는 정도(10점)
	양념하기	재료와 조리법에 맞는 양념을 하는 정도(5점)
	가열하기	익히는 작업(졸이기, 끓이기, 볶기 등)을 잘하는 정도(10점)
	적합한 조리기구 사용하기	조리에 맞는 기구를 사용하는 정도(5점)
	조리순서 맞게 하기	순서에 맞게 조리를 하는 정도(10점)
	조리방법 맞게 하기	고유한 조리방법으로 하는 정도(10점)
조리작품의 평가(20점)	작품의 완성도 평가	작품의 공한 맛과 색, 형태의 완성 정도(12점)
	그릇의 담기 평가	그릇에 보기 좋게 잘 담는 정도(8점)

9 실기시험 합격자 등록안내

(1) 합격자 발표

공고일로부터 60일 이내

(2) 등록에 필요한 준비물

수검표, 증명사진 1매, 수수료, 주민등록증

(3) 재교부

자격수첩 분실자 및 훼손자에 대하여 자격수첩을 재교부하는 것을 말하며 재교부 신청 시는 당초 발급받은 사무소에 신청하면 당일 교부되며, 타 지방사무소에 신청하면 등록사항 조회기간만큼 지연됩니다.

한국산업인력공단 : www.hrdkorea.or.kr / www.q-net.or.kr

1. 고객센터 : 1644-8000, 실기시험수검사항 공고, 기타 검정일정, 직업교육훈련, 인력관리안내 등
2. 합격자 자동응답 안내 : 060-700-2009

한식조리산업기사 실기시험 출제기준

▶ 실기검정방법 : 작업형 (시험시간 : 2시간 정도)

실기과목명	주요항목	세부항목	세세항목
한식조리 작업	1. 기초조리작업	1. 식재료 식별하기	식재료의 상태를 식별할 수 있다.
		2. 식재료 기초 손질 및 모양썰기	식재료를 각 음식의 형태와 특징에 따라 분류하고 손질할 수 있다.
	2. 음식에 따른 조리작업	1. 밥 · 죽 조리하기	재료의 특성을 이해하고 주어진 재료를 사용하여 요구사항대로 밥 · 죽류를 조리할 수 있다.
		2. 면류와 만두류 조리하기	재료의 특성을 이해하고 주어진 재료를 사용하여 요구사항대로 국수와 만두류를 조리할 수 있다.
		3. 국과 탕류 조리하기	재료의 특성을 이해하고 주어진 재료를 사용하여 요구사항대로 국과 탕류를 조리할 수 있다.
		4. 전골과 찌개류 조리하기	재료의 특성을 이해하고 주어진 재료를 사용하여 요구사항대로 전골과 찌개류를 조리할 수 있다.
		5. 찜과 선류 조리하기	재료의 특성을 이해하고 주어진 재료를 사용하여 요구사항대로 찜과 선류를 조리할 수 있다.
		6. 생채류 조리하기	재료의 특성을 이해하고 주어진 재료를 사용하여 요구사항대로 생채류를 조리할 수 있다.
		7. 숙채류 조리하기	재료의 특성을 이해하고 주어진 재료를 사용하여 요구사항대로 숙채류를 조리할 수 있다.
		8. 전, 적, 튀김류 조리하기	재료의 특성을 이해하고 주어진 재료를 사용하여 요구사항대로 전, 적, 튀김류를 조리할 수 있다.
		9. 구이류 조리하기	재료의 특성을 이해하고 주어진 재료를 사용하여 요구사항대로 구이류를 조리할 수 있다.
		10. 조림과 초류 조리하기	재료의 특성을 이해하고 주어진 재료를 사용하여 요구사항대로 조림과 초류를 조리할 수 있다.
		11. 볶음류 조리하기	재료의 특성을 이해하고 주어진 재료를 사용하여 요구사항대로 볶음류를 조리할 수 있다.
		12. 회류 조리하기	재료의 특성을 이해하고 주어진 재료를 사용하여 요구사항대로 회류를 조리할 수 있다.

실기과목명	주요항목	세부항목	세세항목
한식조리 작업	2. 음식에 따른 조리작업	13. 마른찬류 조리하기	재료의 특성을 이해하고 주어진 재료를 사용하여 요구사항대로 마른찬류를 조리할 수 있다.
		14. 장아찌류 조리하기	재료의 특성을 이해하고 주어진 재료를 사용하여 요구사항대로 장아찌류를 조리할 수 있다.
		15. 김치류 조리하기	재료의 특성을 이해하고 주어진 재료를 사용하여 요구사항대로 김치류를 조리할 수 있다.
		16. 한과 만들기	재료의 특성을 이해하고 주어진 재료를 사용하여 요구사항대로 한과를 만들 수 있다.
		17. 음청류 조리하기	재료의 특성을 이해하고 주어진 재료를 사용하여 요구사항대로 음청류를 조리할 수 있다.
	3. 상차림	1. 상차림하기	• 적절한 그릇에 담는 원칙에 따라 음식을 모양 있게 담아 음식의 특성을 살려 낼 수 있다. • 상차림에 따라 음식이 놓이는 위치를 알고 배선할 수 있다.
	4. 조리작업관리	1. 조리작업, 위생관리하기	• 조리복 · 위생모 착용, 개인위생 및 청결 상태를 유지할 수 있다. • 식재료를 청결하게 취급하며 전 과정을 위생적이고 안전하게 정리정돈하고 조리할 수 있다.

한식조리산업기사 기출문제 일람(2000~2019)

2000년 기출문제

1. 느타리버섯나물, 더덕생채, 북어구이, 소고기장조림, 오이소박이
2. 감자조림, 너비아니구이, 무나물, 북어보푸라기, 풋고추전
3. 더덕생채, 생선양념구이, 탕평채, 호두간장조림, 호박전

2001년 기출문제

1. 깻잎전, 두부조림, 오이숙장아찌, 탕평채, 파강회
2. 나박김치, 대합찜, 도라지생채, 밀쌈, 호박죽
3. 두부선, 북어보푸라기, 오징어구이, 잡채, 표고전
4. 미나리강회, 사슬적, 수란, 애탕국, 화전
5. 깍두기, 도라지정과, 된장찌개, 사슬적, 양파전

2002년 기출문제

1. 깍두기, 만둣국, 어채, 오이선, 장떡
2. 북어보푸라기, 수정과, 육회, 해물된장찌개, 화전
3. 나박김치, 비빔밥, 시금치된장국, 오이생채, 장산적

2003년 기출문제

1. 나박김치, 너비아니구이, 무생채, 밀쌈, 삼치조림
2. 나박김치, 다시마 매듭자반, 명란젓찌개, 북어보푸라기, 장국죽
3. 규아상, 멸치조림, 달걀찜, 오이소박이, 호박전
4. 너비아니구이, 두부선, 잡채, 장김치, 콩나물밥
5. 두부선, 삼색경단, 수란, 어만두, 오이소박이

2004년 기출문제

1. 더덕생채, 어선, 애호박눈썹나물, 죽순찜, 화양적
2. 무생채, 미나리강회, 연근조림, 오징어볶음, 옥수수전
3. 꽃게찜, 두부젓국찌개, 무생채, 사슬적, 오이선
4. 무숙장아찌, 미나리강회, 율란 · 조란, 장산적, 칠절판

2005년 기출문제

1. 더덕구이, 새우전, 소갈비찜, 오이생채, 육회
2. 느타리버섯나물, 더덕생채, 북어구이, 소고기장조림, 오이소박이(2000년 출제)
3. 깻잎전, 두부조림, 오이숙장아찌, 탕평채, 파강회(2001년 출제)

2006년 기출문제

1. 깍두기, 만둣국, 어채, 오이선, 장떡(2002년 출제)
2. 무생채, 미나리강회, 연근조림, 오징어볶음, 옥수수전(2004년 출제)
3. 대추초 · 밤초, 배추겉절이, 수란, 수정과, 칼국수
4. 더덕생채, 애호박눈썹나물, 어선, 죽순찜, 화양적(2004년 출제)
5. 나박김치, 다시마 매듭자반, 명란젓찌개, 북어보푸라기, 장국죽(2003년 출제)
6. 너비아니구이, 두부선, 잡채, 장김치, 콩나물밥(2003년 출제)

2007년 기출문제

1. 꽃게찜, 두부젓국찌개, 무생채, 사슬적, 오이선(2004년 출제)
2. 무숙장아찌, 미나리강회, 율란 · 조란, 장산적, 칠절판(2004년 출제)
3. 양동구리, 잡채, 장국죽, 장김치, 제육구이
4. 구절판, 깻잎전, 달걀찜, 오이생채, 편수
5. 두부선, 삼색경단, 수란, 어만두, 오이소박이(2003년 출제)
6. 두부조림, 섭산삼, 오이미역냉국, 오이숙장아찌, 호박죽

2008년 기출문제

1. 어알탕, 오이선, 월과채, 제육구이, 홍합초
2. 북어보푸라기, 수정과, 육회, 해물된장찌개, 화전(2002년 출제)
3. 깍두기, 도라지생채, 된장찌개, 사슬적, 화전
4. 더덕생채, 뱅어포구이, 연근조림, 칠절판, 풋고추전

5. 두부조림, 북어찜, 사슬적, 애호박눈썹나물, 표고전
6. 나박김치, 비빔밥, 시금치된장국, 오이생채, 장산적 (2002년 출제)

2009년 기출문제

1. 더덕생채, 애호박눈썹나물, 어선, 죽순찜, 화양적 (2004, 2006년 출제)
2, 무숙장아찌, 미나리강회, 율란 · 조란, 장산적, 칠절판 (2004, 2007년 출제)
3. 무생채, 미나리강회, 연근조림, 오징어볶음, 옥수수전 (2004, 2006년 출제)
4. 두부선, 북어보푸라기, 오이숙장아찌, 완자탕, 호두간장조림
5. 꽃게찜, 두부젓국찌개, 무생채, 사슬적, 오이선 (2004, 2007년 출제)
6. 구절판, 깻잎전, 알찜, 오이생채, 편수(2007년 출제)
7. 두부선, 삼색경단, 수란, 어만두, 오이소박이 (2003, 2007년 출제)
8. 두부조림, 섭산삼, 오이생채, 오이숙장아찌, 호박죽

2010년 기출문제

1. 나박김치, 비빔밥, 시금치된장국, 오이생채, 장산적 (2002, 2008년 출제)
2. 대추초 · 밤초, 배추겉절이, 수란, 수정과, 칼국수 (2006년 출제)
3. 닭찜, 미나리강회, 어알탕, 죽순채, 지짐누름적
4. 북어보푸라기, 수정과, 육회, 해물된장찌개, 화전 (2002, 2008년 출제)
5. 깍두기, 만둣국, 어채, 오이선, 장떡 (2002, 2006년 출제)
6. 더덕생채, 애호박눈썹나물, 어선, 죽순찜, 화양적 (2004, 2006, 2009년 출제)
7. 더덕생채, 뱅어포구이, 연근조림, 칠절판, 풋고추전 (2008년 출제)
8. 어알탕, 오이선, 월과채, 제육구이, 홍합초 (2008년 출제)
9. 두부선, 북어보푸라기, 오이숙장아찌, 완자탕, 호두간장조림(2009년 출제)
10.미나리강회, 무숙장아찌, 율란 · 조란, 장산적, 칠절판 (2007년 출제)

2011년 기출문제

1. 너비아니구이, 두부선, 잡채, 장김치, 콩나물밥 (2003, 2006년 출제)
2. 두부선, 삼색경단, 수란, 어만두, 오이소박이 (2003, 2007, 2009년 출제)
3. 양동구리, 잡채, 장국죽, 장김치, 제육구이 (2007년 출제)
4. 꽃게찜, 두부젓국찌개, 무생채, 사슬적, 오이선 (2004, 2007년, 2009년 출제)
5. 나박김치, 다시마 매듭자반, 명란젓찌개, 북어보푸라기, 장국죽 (2003, 2006년 출제)
6. 두부전골, 매작과, 무생채, 사슬적, 잡채
7. 나박김치, 너비아니구이, 무생채, 밀쌈, 삼치조림 (2003년 출제)
8. 무생채, 미나리강회, 연근조림, 오징어볶음, 옥수수전(2004, 2006, 2009년 출제)
9. 규아상, 달걀찜, 오이소박이, 잔멸치볶음, 호박전 (2003년 출제)
10. 두부조림, 오이냉채, 섭산삼, 오이숙장아찌, 호박죽
11. 나박김치, 연근전, 장똑똑이, 콩나물밥, 편강
12. 구절판, 깻잎전, 달걀찜, 오이생채, 편수 (2007, 2009년 출제)

2012년 기출문제

1. 두부조림, 사슬적, 수정과, 애호박눈썹나물, 편수
2. 무생채, 미나리강회, 사슬적, 수란, 애탕국
3. 무생채, 미나리강회, 율란 · 조란, 장산적, 칠절판
4. 닭찜, 어알탕, 오이소박이, 죽순채, 지짐누름적
5. 꽃게찜, 나박김치, 도라지나물, 밀쌈, 호박죽
6. 대추초 · 밤초, 두부선, 수란, 죽순채, 칼국수

한식조리산업기사 기출문제 일람(2000~2019)

7. 북어보푸라기, 수정과, 육회, 해물된장찌개, 화전
   (2002, 2008, 2010년 출제)
8. 규아상, 섭산삼, 연근전, 오이숙장아찌, 오징어볶음

2013년 기출문제

1. 깍두기, 비빔밥, 시금치토장국, 오이선, 장산적
2. 다시마 매듭자반, 닭찜, 두부조림, 월과채, 육원전
3. 다시마 매듭자반, 더덕생채, 두부전골, 매작과, 양파전
4. 어알탕, 오이선, 월과채, 제육구이, 홍합초
   (2008, 2010년 출제)
5. 두부선, 삼색경단, 수란, 어만두, 오이소박이
   (2003, 2007, 2009, 2011년 출제)
6. 매작과, 비빔밥, 사슬적, 오이생채, 완자탕

2014년 기출문제

1. 너비아니구이, 두부선, 잡채, 장김치, 콩나물밥
   (2003, 2006, 2011년 출제)
2. 닭찜, 어알탕, 오이소박이, 죽순채, 지짐누름적
   (2012년 출제)
3. 더덕생채, 뱅어포구이, 연근조림, 칠절판, 풋고추전
   (2008, 2010년 출제)
4. 두부전골, 매작과, 무생채, 사슬적, 잡채
5. 규아상, 무생채, 미나리강회, 연근조림, 오징어볶음
6. 밀쌈, 북어보푸라기, 수정과, 해물된장찌개, 화전
7. 꽃게찜, 두부젓국찌개, 무생채, 사슬적, 오이선
   (2004, 2007, 2009, 2011년 출제)

2015년 기출문제

1. 양동구리, 잡채, 장국죽, 장김치, 제육구이
   (2007, 2011년 출제)
2. 너비아니구이, 무생채, 밀쌈, 삼치조림, 율란 · 조란
3. 깍두기, 비빔밥, 시금치토장국, 오이선, 장산적
   (2013년 출제)
4. 규아상, 도라지생채, 섭산삼, 연근전, 오징어볶음
5. 삼색경단, 수란, 어만두, 오이소박이, 월과채
6. 두부조림, 사슬적, 수정과, 애호박눈썹나물, 편수
   (2012년 출제)
7. 다시마 매듭자반, 명란젓찌개, 어선, 오이숙장아찌, 장국죽

2016년 기출문제

1. 감자조림, 너비아니구이, 무나물, 삼색북어보푸라기, 풋고추전
2. 꽃게찜, 나박김치, 도라지나물, 밀쌈, 호박죽
   (2012년 출제)
3. 두부조림, 섭산삼, 오이미역무침, 오이숙장아찌, 호박죽
4. 깍두기, 도라지정과, 된장찌개, 사슬적, 양파전

2017년 기출문제

1. 닭찜, 양파전, 오이소박이, 애탕국, 죽순채
2. 다섯 찬품(구절판, 깻잎전, 알찜, 오이생채, 편수)
   (2007, 2009, 2011년 출제)

2018년 기출문제

1. 어만두, 연근전, 오이선, 제육구이, 화전
2. 너비아니구이, 두부선, 잡채, 장김치, 콩나물밥
   (2003, 2006, 2011, 2014년 출제)
3. 깍두기, 만둣국, 어채, 오이선, 장떡
   (2002, 2006, 2010년 출제)
4. 깍두기, 비빔밥, 시금치토장국, 오이선, 장산적
   (2013, 2015년 출제)
5. 더덕생채, 애호박눈썹나물, 어선, 죽순찜, 화양적
   (2004, 2006, 2009, 2010년 출제)

2019년 기출문제

1. 꽃게찜, 두부젓국찌개, 배추겉절이, 사슬적, 오이선
2. 규아상, 장떡, 애탕, 채소썰기, 홍합초
3. 두부전골, 죽순채, 연근조림, 콩나물밥, 화전
4. 닭찜, 두부조림, 삼합초, 육원전, 월과채
5. 더덕생채, 뱅어포구이, 연근조림, 칠절판, 풋고추전
   (2008, 2010, 2014년 출제)
6. 미나리강회, 양파전, 어선, 오이소박이, 호박죽

Korean Food

01

한식조리산업기사
이론편

1. 한국음식의 특징
2. 한국음식의 기본고명
3. 한국음식의 역사
4. 한국음식의 종류
5. 한국음식의 상차림
6. 한국음식의 식사예절

PART 01 한식조리산업기사 이론편

한국음식의 특징

우리나라는 삼면이 바다로 둘러싸여 있어 수산물이 풍부함은 물론 봄, 여름, 가을, 겨울로 사계절의 구분이 뚜렷하여 자연히 이러한 지역적 특성을 살린 음식들이 고루 잘 발달되었다. 또한 농업의 발달로 쌀과 잡곡의 생산이 다양하게 이루어져 이들을 이용한 조리법이 발달하였다. 이와 같이 우리나라 음식은 계절과 지역에 따른 특성을 잘 살렸으며 조화된 맛을 중히 여겼고, 식품 배합이 합리적으로 잘 이루어져 있음을 알 수 있다.

지역적으로는 토질과 기후의 차이가 있어 각 지방마다 특산품이 다양하게 생산됨은 물론 육류와 채소류를 이용한 조리법도 발달되었고 장류, 김치류, 젓갈류 등의 발효식품의 개발과 기타 식품 저장 기술도 일찍부터 이루어져 왔다.

특히, 우리나라 음식은 정성과 노력이 많이 드는 음식이므로 음식을 만들 때 마음가짐과 바른 태도가 중요하며 영양적인 면과 맛, 색감, 온도, 그릇담기 등 음식과의 조화를 중시한다. 조리방법에 있어서는 잘게 썰거나 다지는 방법이 많이 쓰이며 조리법 또한 복잡한 편이어서 대부분 미리 썰어서 준비한 다음에 조리를 한다.

상차림은 3첩 · 5첩 · 7첩 · 9첩 · 12첩 반상차림이 있으며, 죽상, 면상, 교자상 등 구성과 상차림이 다양하고 형식이 까다로워서 그에 맞는 조리법이 중시되었다. 또한 한 상에 모든 음식을 차려내는 것이 특징이며 음식이 놓이는 위치가 정해져 있고 먹는 예절을 중요시한다.

1) 한국음식의 조리법상 특징

① 주식과 부식이 명확하게 구분되어 있다.

주식으로는 쌀(밥)을 위주로 하고 보리, 조, 콩, 수수 등의 잡곡을 섞거나 쌀만으로 지은 밥을 중심으로 하며, 부식으로는 국, 구이, 나물, 전, 찜, 조림 등 비교적 영양적으로도 합리적이고, 맛을 조화롭게 배합한 반찬을 활용한 다양한 조리법으로 여러 음식의 상차림을 한다.

② 곡물 음식이 다양하다.

농경문화의 발달로 쌀, 보리, 밀, 조, 수수 등의 곡물을 다양하게 활용한 밥, 죽, 국수, 떡, 한과 등 다양한 곡물 음식이 발달하였다.

③ 음식의 종류와 조리법이 다양하다.

음식의 종류로는 밥, 죽, 국수, 국, 찌개, 구이, 볶음, 나물, 전, 찜, 조림 등이 있고, 조리법으로는 생것, 끓이기, 굽기, 데치기, 찌기, 조리기 등 다양한 방법이 있다.

④ 장류와 발효식품이 발달하였다.

간장, 된장, 고추장 등 장류와 김치, 젓갈, 식초 등의 발효식품이 많다.

⑤ 다양한 향신료를 많이 사용하여 음식의 고유한 맛을 낸다.

파, 마늘, 생강, 간장, 된장, 고추장, 설탕, 고춧가루, 참기름, 식초, 깨소금, 소금, 후춧가루 등 다양한 양념으로 음식 조리 시 고유의 음식 맛을 낸다.

⑥ 고명을 활용하여 아름다움을 추구한다.

지단, 초대, 잣, 버섯, 은행 등 고명을 활용하여 음식을 아름답게 장식한다.

⑦ 지역에 따른 향토음식이 발달하였다.

지역적으로 기후 및 식재료의 차이와 생활방식의 차이로 그 지역의 특성을 살린 향토음식이 발달하였다.

한국음식의 기본고명

고명은 음식을 아름답게 꾸며 음식이 돋보이게 하고 식욕을 돋구어 음식의 품위를 높여주기 위해 음식 위에 뿌리거나 얹는 것으로 맛보다는 주로 색감을 더 중요하게 생각한다. 고명의 색은 자연색(흰색, 노란색, 빨간색, 검정색, 녹색)을 쓰는데, 자연식품이 지닌 색 그대로를 고명으로 사용하는 것이 좋다.

1) 알고명(달걀지단)

달걀을 황 · 백으로 나누어 거품이 나지 않을 정도로 저은 다음 소금으로 간하여 기름 두른 번철에서 기름을 두르고 얇게 지진다. 흰색과 노란색으로 채썬 지단은 나물이나 잡채에, 골패형(1×4㎠)으로 썬 것은 탕, 찜, 전골 등에 사용하고 마름모꼴로 썬 것은 탕, 만둣국 등에 쓰고 그 밖에 채썬 것은 국수장국 등에서 사용한다.

2) 고기고명

고기고명은 주로 다진 것, 채썬 것, 완자로 만들어서 사용한다.

① 다진 고명은 소고기의 살코기를 곱게 다져서 갖은 양념을 하여 고르게 섞어 번철이나 냄비에 넣고 볶은 것으로 국수장국 등의 고명으로 사용한다.

② 채썬 고명은 살코기를 가늘게 채썰어 양념하여 볶은 것으로 떡국 등의 고명으로 사용한다.

③ 완자로 만든 고명은 다진 파, 마늘, 소금, 참기름, 후춧가루, 깨소금 등으로 고르게 양념하여 은행 알 크기로 빚어서 위에 밀가루를 씌우고 달걀을 입힌 다음 번철에 기름을 두른 후 타지 않게 약한 불에서 지져낸 것이다. 주로 신선로, 탕, 전골, 찜류의 웃고명으로 사용한다.

3) 알쌈

① 달걀을 깨서 흰자와 노른자로 가르거나 합해서 소금으로 간을 하고, 고기는 곱게 다져서 갖은 양념(파, 마늘, 간장, 참기름, 깨소금, 소금, 녹말가루)을 하여 콩알 크기로 만들어서 번철에 몇 번 굴려서 익혀 놓는다.

② 풀어 놓은 달걀을 지름 5cm 크기로 번철에 올린 후 ①에서 만들어 놓은 콩알 크기의 소고기를 옆에 얹어서 빠르게 반을 접어 타지 않도록 지져낸다.

4) 버섯고명

표고버섯, 석이버섯, 목이버섯 등을 채썰거나 골패모양으로 썰어, 채썬 것은 나물류에 골패모양은 국, 전골, 신선로, 찜 등에 올려서 사용한다.

① 표고버섯

표고버섯은 모양이 좋은 중간 크기의 것으로 골라 물에 담가 불린 후 깨끗이 씻어서 버섯대를 떼어낸 다음 음식에 따라 채썰거나 골패모양으로 썰어 탕, 신선로, 찜 등에 사용한다.

② 석이버섯

검은색의 고명으로 사용하며 뜨거운 물에 불려서 석이에 붙은 이끼를 깨끗이 씻고 배꼽도 떼어낸다. 웃고명에 따라서 채썰거나 골패모양으로 썰어서 구절판, 각색편 등에 사용한다. 또한 용도에 따라서 곱게 다져 달걀흰자에 섞어 지단을 부쳐 신선로 고명으로 사용한다.

③ 목이버섯

깨끗이 씻어서 물에 불려 그대로 또는 채썰어 기름에 살짝 볶고 소금을 넣어 간을 하여 주로 갖은 잡채 등의 음식 위에 얹어 사용한다.

5) 미나리, 오이, 호박

푸른색 채소의 잎, 껍질은 채썰어 국수, 탕에 사용하고, 미나리는 줄기를 4cm 정도로 자르고 오이, 호박은 껍질부분만을 채썰어 소금에 절인 후 물기를 제거하여 참기름에 살짝 볶아 사용한다.

6) 초대

미나리나 실파의 줄기 부분을 가지런히 하여 가는 꼬지에 양쪽으로 끼워 밀가루와 달걀물을 입혀 팬에 기름을 두르고 지져낸 다음 용도에 따라 마름모나 골패형으로 썰어 신선로, 만둣국, 전골 등에 사용한다.

7) 은행

은행은 겉껍질을 벗기고 미지근한 소금물에 담근 후 팬에 기름을 두르고 지지는데 팬이 뜨거워졌을 때에 소금을 살짝 넣어 볶아 속껍질이 벗겨지면 마른 행주로 문질러 깨끗하게 하여 찜, 신선로 등의 고명으로 사용한다.

8) 호두

겉껍질은 깨고 속껍질이 붙은 호두를 뜨거운 물에 넣고 초를 몇 방울 떨어뜨려 불린 후 껍질을 꼬챙이로 벗겨 찜이나 신선로 등의 고명으로 사용한다.

9) 잣

잣은 껍질과 고깔을 떼고 닦은 후 통잣은 화채, 식혜, 수정과 등에 띄워서 사용하며, 비늘잣은 2~3등분하여 어선, 어만두 등에 사용한다. 잣가루는 한지를 깐 도마 위에서 잘 드는 칼날로 다져서 곱게 보슬보슬하게 하여 구이 또는 초간장에 사용한다.

10) 실고추

건고추를 잘라 씨를 뺀 다음 젖은 행주로 깨끗이 닦고 돌돌 말아 가늘게 채썰어 달걀찜, 푸른색 나물, 김치 국물 등에 사용한다.

11) 고추(홍고추, 풋고추)

씨를 빼고 씻어서 물기를 닦은 후 채로 썰어 나물, 조림 등에 사용하거나 길쭉길쭉하게 썰어 깍두기 등에 고명으로 사용한다.

12) 대추

마른대추는 빠르게 씻어 씨를 발라 내어 채를 썰거나 잘게 가루를 내기도 하고 통째로 양옆에 잣을 꽂아서 떡이나 찜류의 고명으로 사용한다.

13) 밤

겉껍질과 속껍질을 모양내어 벗겨서 그대로 채썰기 또는 삶은 후 으깨서 사용한다.

14) 대파

대파는 연한 부분을 4cm 정도로 잘라 실처럼 가늘게 채썰고 찬물에 헹구어 물기를 제거 후 사용한다.

15) 참깨

참깨는 물에 불려 잘 씻은 후 물기를 제거하여 냄비에 볶아 그대로 사용하거나 가루로 만들어 나물, 볶음, 양념장 등에 사용한다.

한국음식의 역사

음식의 역사는 한 민족이 사는 나라의 기후와 풍토 및 민족의 역사와 관련되어 형성된다. 우리나라의 식생활도 시대의 흐름에 따라 정치 · 경제적인 변화와 외래식품의 전래 속에서 변화되어 왔다.

1) 선사시대와 고조선시대

신석기인들은 고기잡이와 사냥을 주로 하여 자연식품을 채취하였으며 농경의 발달로 벼를 비롯한 보리, 조, 기장, 콩, 수수, 팥 등이 재배되었고 조미료, 향신료 등이 사용되기 시작하였다.

2) 삼국시대

철기문화의 영향으로 농경기술이 발달되어 벼농사가 크게 보급되었으며 이로 인하여 식생활이 안정되었다. 또한 장기간 저장을 위한 김치, 장, 젓갈, 술 등의 발효 · 저장식품이 발달하게 되었다.

3) 통일신라시대

통일신라시대에는 주로 쌀밥이 주식화되었으며 다채로운 식생활의 발달과 함께 차문화가 성행하였다.

4) 고려시대

불교의 국교화로 사찰음식과 차문화가 발달하였으며, 기름에 볶거나 지지는 조리법으로 약과, 유과 등이 만들어 지고 떡 종류도 다양하게 발달하였다.

5) 조선 전기

조선 전기에는 한식의 발달기라고 할 수 있으며, 국교를 유교로 삼으면서 차문화는 쇠퇴하고 상차림의 격식이 완성되었다.

6) 조선 후기

조선 후기에는 한식의 완성기라고 할 수 있으며, 외국에서 고구마, 감자, 호박 등 채소가 전래되었으며 튀김, 볶음, 조림 등 다양한 조리법이 발달하게 되었다. 특히, 임진왜란 이후에는 고추의 전래로 오늘날과 같은 식문화가 형성됨은 물론 김장김치가 완성되었다.

7) 근대화 시대

19세기 말부터 서양화의 영향으로 한식과 양식이 혼합되어 식생활이 다양하게 변화하였다. 일본의 영향으로 서민의 식생활이 어려웠지만 우리만의 식생활을 찾으려 노력하였다.

8) 현대

1960년대에는 식량난 해결을 위하여 보리쌀을 이용한 보리혼식과 밀가루, 라면을 이용한 분식을 장려하였다. 1970년대에는 산업화에 따른 즉석식품이 발달하였으며, 1980년대에는 된장, 고추장, 김치 등이 식품공장에서 만들어졌음은 물론 바쁜 현대인들의 편리성을 고려한 가공식품, 인스턴트식품이 발달하게 되었다. 특히, 1988년 서울올림픽 이후에 외식산업이 급격하게 발달하게 되었으며, 퓨전, 웰빙의 흐름 속에서 많은 이들이 건강식품, 무공해식품, 자연식품을 선호하고 있다. 2010년에는 한국음식의 세계화를 위하여 정부는 물론 전문가들의 노력으로 한국음식에 대한 사람들의 관심이 집중되었으며, 2020년에는 편리하면서도 건가지향적인 한국음식을 선호하고 있다.

한국음식의 종류

1) 주식류

① 밥

밥은 멥쌀로 지은 쌀밥(흰밥)을 주로 먹는다. 그 외 찹쌀을 넣은 찰밥, 보리쌀을 넣은 보리밥 등과 콩, 팥, 은행, 조, 수수, 녹두, 밤, 대추, 잣, 인삼, 나물류 등을 섞어 잡곡밥, 영양밥, 비빔밥, 김밥 등을 만들기도 한다. 쌀은 가능하면 바로 도정을 하여 세척 후 1.2배의 물로 밥을 짓는다. 밥이 완성되면 중량의 2.2~2.4배로 증가한다. 특히, 하루에 필요한 열량의 65%를 섭취하는 우리나라 사람들에게 밥은 중요한 열량원이다.

② 죽, 미음, 응이

죽은 쌀 외에도 여러 가지 곡물에 밥을 짓는 것보다 훨씬 많은 양인 곡물의 5~10배의 물을 부어 오랫동안 가열하여 완전히 호화되고 부드럽게 된 상태로 완성한 것이다. 유아, 노인, 환자들의 음식으로 많이 쓰이며 재료에 따라 흰죽, 두태죽, 장국죽, 어패류죽, 비단죽 등 그 종류가 매우 많다.

③ 국수

국수는 일반적으로 메밀로 만든 면을 의미하며, 밀가루로 만든 면은 난면이라고 한다. 국수면의 종류로는 밀가루 또는 메밀가루를 물 반죽하여 뽑아낸 압착면과 반죽을 얇게 밀어서 칼로 썰은 절단면, 그리고 반죽을 양손으로 잡아당기는 것을 반복하여 가늘게 뽑은 타면 등이 있다. 이렇게 뽑은 국수는 국수장국(온면), 칼국수, 냉면, 비빔국수 등으로 이용한다.

④ 만두

만두피는 밀가루를 물에 반죽한 후 얇게 밀어 그 속에 돼지고기, 부추, 김치 등을 잘게 다져 양념한 소를 채워서 넣고 다양한 모양으로 빚어서 여러 종류의 만두를 만든다. 계절에 따라서 봄에는 준치만두, 여름에는 편수, 규아상, 어만두, 겨울에는 산채만두, 동아만두 등을 먹는다. 또한 정초에는 흰떡국, 조랭이떡국, 생떡국 등을 즐겨 먹었다.

2) 부식류

(1) 국, 찌개, 전골

① 국

밥과 함께 내는 국물요리로서 여러 가지 수조육류, 어패류, 채소류 등으로 끓인 국물요리이다. 국의 종류를 크게 구분하면 양지머리, 사태 등을 볶아서 간장물에 삶아낸 맑은장국, 쌀뜨물에 채소나 산채 등을 넣고 된장으로 간을 맞춘 토장국(된장국), 소의 뼈와 내장을 재료로 삶아 우려낸 곰국, 끓여서 식힌 물에 맑은 청장으로 간을 맞춘 후 끓이지 않고 차게 해서 먹는 냉국(찬국) 등으로 나눌 수 있다.

우리나라에서의 국은 밥상을 차릴 때 기본적이며 필수 음식이다.

② 찌개(조치)

국보다 국물을 적게 한 음식으로 국에 비해 간이 짜며 맛이 진하고 건더기가 넉넉한 편이다. 찌개의 종류로는 고추장찌개, 된장찌개, 맑은찌개 등이 있다.

③ 전골

국에 비해서는 국물의 양이 적은 편이며 반상이나 주안상에 곁상으로 따라 나가는 중요한 음식이다. 즉석에서 가열하여 익힐 수 있게 하며 95℃ 이상으로 높은 온도에서 제맛을 낸다. 전골의 종류에는 신선로, 쇠고기전골, 낙지전골, 생굴전골, 두부전골 등이 있다.

(2) 찜, 선

① 찜

우리나라만의 독특한 조리법으로 재료를 크게 썰어 용기 내에 고기와 술, 초, 장 등 조미료를 알맞게 넣고 뚜껑을 덮은 후 약한 불에서 익히거나 증기로 익혀 재료의 맛이 충분히 우러나도록 만든 음식이다. 육류찜, 어패류찜, 채소찜으로 나눌 수 있다.

② 선

찜과 비슷한 방법으로 만든 음식으로 선이 있는데 선은 채소에 칼집을 넣어 데치거나 소금물에 절여서 고명을 채운 후에 찌는 것을 말한다. 초간장, 겨자장을 곁들어 먹는다. 종류로는 오이선, 호박선, 어선, 두부선, 화계선 등이 있다.

(3) 구이, 적

구이는 인류가 불을 사용하게 된 후 가장 먼저 사용한 조리법으로 꼬챙이, 석쇠, 철판 등을 이용하여 굽는다. 직접 불에 닿게 굽는 직접구이와 간접구이가 있는데 육류를 이용한 너비아니, 제육구이, 염통구이, 갈비구이 등이 있고 어패류를 이용한 조기구이, 삼치구이, 대합구이 등이 있다. 또한 채소를 이용한 조리법으로는 더덕구이, 송이구이 등이 있다.

(4) 전(전유어), 지짐

전은 육류, 어패류, 채소류 등을 다지거나 얇게 저며서 소금, 후추로 간을 하고 밀가루 달걀을 무쳐 양면을 기름에 지진 것을 말한다. 육류전으로는 완자전, 양동구리, 두골전 등이 있고 채소류전으로는 표고전, 고추전, 호박전, 양파전, 연근전 등 다양하며 어패류전은 동태전, 굴전, 홍합전, 새우전 등이 있고 그 외 재료를 혼합한 빈대떡, 파전 등이 있다.

(5) 조림, 조리개, 초

조림은 조리개라고도 하며 육류, 어패류, 채소류를 등을 간장이나 고추장에 조려서 만드는 조리법으로 반찬에 적합한 음식이다. 일반적으로 흰살생선을 조림할 때는 간장을 사용하며, 붉은살 생선이나 비린내가 나는 생선들은 고추장, 고춧가루를 많이 사용하는 편이다. 조림과 비슷한 조리법으로 초(炒)가 있는데 조림보다 약간 간을 싱겁게 하여 나중에 녹말을 풀어 넣어 윤기 있게 국물 없이 조리는 것을 말한다.

(6) 회, 숙회

회는 육류, 어패류, 채소류 등을 날로 또는 살짝 데쳐서 와사비 간장, 초고추장, 초간장, 소금, 기름 등에 찍어 먹는 음식인데 일반적으로 살짝 데쳐서 먹는 것은 숙회라고 한다. 숙회의 종류는 오징어회, 문어회, 미나리강회, 두릅회 등이 있다.

(7) 생채와 숙채

생채는 계절별로 나오는 무, 배추, 가지, 파, 도라지, 더덕, 오이, 늙은 오이, 갓, 상추, 미나리 등의 싱싱한 채소류를 익히지 않고 초장이나, 초고추장, 겨자 등으로 새콤달콤하게 무쳐 곧바로 먹는 음식이다.
숙채는 나물을 살짝 데치거나 기름에 볶아 익혀서 갖은 양념에 무쳐 먹는 것을 말한다.

(8) 편육, 족편

편육(片肉)은 고기를 푹 삶아 내어 물기를 빼고 얇게 저민 것으로 소고기는 양지머리, 머리살, 사태살 등을 돼지고기는 삼겹살, 목살, 머리살 등을 주로 이용한다.
족편은 소의 족 · 가죽 · 꼬리 등을 삶아 잘게 썰어 물을 붓고 고아서 소금간을 하고 고명을 뿌려 묵처럼 굳힌 음식을 양념간장에 찍어 먹는다. 또한 간장으로 간을 하여 국물이 거무스레 해지는 것을 장족편이라 한다.

⑼ 포, 튀각, 부각, 자반

포는 고기와 생선을 말려 육포와 어포를 만들고 튀각은 다시마, 미역을 기름에 튀겨 만든다. 부각은 김, 채소의 잎, 열매 등에 되직하게 쑨 찹쌀풀에 간을 하고 발라 햇볕에 말린 후 기름에 튀겨서 만들고, 자반은 물고기를 소금에 절이거나 해산물 또는 채소를 간장에 조리거나 무친 것으로 주로 반찬으로 이용된다.

⑽ 김치, 장아찌, 젓갈

김치는 배추, 무 등을 소금에 절여 고추, 파, 마늘, 생강 등을 젓갈과 함께 넣어 버무려 익힌 한국음식의 대표적인 발효식품이다. 장아찌는 무, 오이, 도라지, 더덕, 고사리 등의 채소를 된장이나 막장, 고추장, 간장 속에 넣어 삭혀 만들고 각종 육류, 어류도 살짝 익혀 된장, 막장 속에 넣어 만든다. 젓갈은 어패류의 염장식품으로 숙성 중 자체 효소에 의한 소화작용과 약간의 발효작용에 의해서 만들어지며 밑반찬 또는 김치를 담을 때에도 이용된다.

3) 후식류

(1) 떡

한국의 전통 곡물요리의 하나인 떡류를 크게 네 가지로 나눌 수 있는데, 먼저 시루에 찌는 떡은 백설기, 두텁떡, 송편, 팥시루떡 등이 있고, 찐 다음에 안반이나 절구에 치는 떡으로는 가래떡, 인절미, 절편, 대추단자, 쑥(구리)단자 등이 있다. 다음으로 빚어 찌는 떡으로는 찹쌀경단, 각색경단, 오매기떡, 수수경단, 두텁단자 등이 있고, 마지막으로 찹쌀가루를 익반죽하여 모양을 만들어 번철에 지진 떡은 화전, 주악 등이 있다.

⑵ 한과

한과류는 재료나 만드는 법에서 유과, 유밀과, 다식, 정과, 엿강정, 과편, 당속, 숙실과 등으로 크게 구분된다. 약과, 매작과는 유밀과이며 생란, 율란, 조란, 밤초, 대추초 등은 숙실과에 속한다.

⑶ 음청류

기호성 음료의 총칭으로 재료나 만드는 법에 따라 차, 탕, 화채, 식혜, 수정과 등으로 크게 구분된다.

한국음식의 상차림

한국음식의 상차림은 네모지거나 둥근상을 사용하여 음식을 한상에 차려내는 특징이 있으며, 차려지는 상차림은 주식에 따라서 밥과 반찬을 주로한 반상을 비롯하여 죽상, 면상, 다과상 등으로 나눌 수 있고, 목적에 따라 주안상, 교자상, 돌상, 큰상, 폐백상, 제상 등으로 나눌 수 있다.

1) 반상차림

어린 사람에게는 밥상, 어른에게는 진지상, 임금에게는 수라상이라 불렀으며 3첩, 5첩, 7첩, 9첩, 12첩이 있는데 서민들은 3첩과 5첩을, 반가에서는 7첩과 9첩의 상차림을 하였고, 12첩은 임금님만 드실 수 있는 수라상 차림이다. 첩의 수는 밥, 국, 김치, 조치, 종지(간장, 고추장, 초고추장 등)를 제외하고 접시에 담는 반찬의 수를 말한다. 예를 들면 5첩 반상은 밥1, 국1, 김치2, 장류2, 찌개(조치)1을 기본음식으로 하고 나물(생채 또는 숙채)1, 구이1, 조림1, 전1, 마른반찬(장과 또는 젓갈)1을 5첩으로 한다.

2) 죽상차림

부담 없이 먹는 가벼운 음식으로 동치미, 나박김치, 젓국으로 간을 한 맑은 조치, 마른찬(북어보푸라기, 육포, 어포) 등을 함께 낸다.

3) 면상(장국상)차림

밥을 대신하여 국수를 주식으로 하여 차리는 상을 면상이라 하며 주로 점심에 많이 이용된다. 주식으로는 온면, 냉면, 떡국, 만둣국 등이 이용되며 부식으로는 배추김치, 나박김치, 생채, 찜, 겨자채, 잡채, 편육, 전, 잡채, 전 등이 사용된다.

4) 다과상차림

간편하게 차, 음청류를 마시기 위한 상차림으로 차, 화채, 식혜, 수정과 등과 곁들여 먹을 수 있는 한과, 유과, 유밀과, 다식 등이 있다.

5) 주안상차림

주류(술)를 대접하기 위해서 차리는 상으로 약주와 함께 육포, 어포, 전, 회, 어란 등의 마른안주와 전이나 편육, 찜, 신선로, 전골 찌개 같은 얼큰한 안주 한두 가지, 그리고 생채류와 김치, 과일 등이 오르며 떡과 한과류가 오르기도 한다.

6) 교자상차림

경사가 있는 명절, 잔치에 많은 사람이 함께 모여 식사를 할 경우 차리는 상이다. 대개 고급 재료를 이용하여 많은 종류의 음식을 만들어 대접하는데 교자상의 식단은 면(온면, 냉면), 탕(계탕, 어알탕, 잡탕), 찜(영계찜, 육찜, 우설찜), 전유어, 편육, 적, 회, 잡채, 신선로 등 다양하다.

7) 돌상차림

돌상은 태어나서 처음 맞이하는 생일상으로 수명장수(壽命長壽)와 다재다복(多才多福) 등의 의미를 담아 돌상을 차려준다. 돌상에는 흰밥, 미역국, 푸른나물, 백설기, 오색송편, 인절미, 붉은팥 차수수경단, 생과일, 쌀, 삶은 국수, 대추, 타래실, 돈 등을 놓는데 남자아이에게는 붓, 먹, 벼루, 책(천자문), 칼과 활, 화살 등을 놓고, 여자아이에게는 실, 바늘, 가위, 자 등을 놓아 돌잡이를 하게 하여 아이의 밝은 미래를 기원하기도 하였다.

8) 큰상(혼례, 회갑, 회혼례)차림

큰상은 혼례(결혼식), 회갑(만 61세), 회혼례(결혼한지 60주년)를 경축하는 상차림으로 떡, 숙실과, 생실과, 견과, 유밀과 등을 높이 괴어서 상의 앞쪽과 색을 맞추어 차리고 주식은 면류로 한다.

9) 폐백상차림

혼례를 치른 후 시부모님과 시댁 어른들에게 첫 인사를 드리는 예의를 폐백이라 하는데 각 지방이나 가정에 따라서 풍습이 다르며 대개 서울은 육포나 산적 · 대추 · 청주를, 지방에서는 폐백닭 · 대추 · 청주를 가지고 간다.

10) 제상차림

제사에 올리는 음식에서 주의할 점은 고춧가루, 마늘을 사용하지 않으며 비늘이 없는 생선, 껍질에 털이 있는 과실은 올리지 않는다는 것이다. 또한 상차림에는 홍동백서(붉은 과일이 동쪽, 흰색 과일이 서쪽), 어동육서(생선이 동쪽, 육류가 서쪽), 좌포우혜(포가 왼쪽, 식혜가 오른쪽), 조율시이(왼쪽부터 대추, 밤, 감, 배 순서)의 제상 원칙을 지키고 있다.

한국음식의 식사예절

1) 한국전통음식의 식사예절

① 식사할 때에는 어른이 먼저 수저를 든 다음에 들도록 한다.

② 숟가락과 젓가락을 한손에 들지 않는다.

③ 숟가락이나 젓가락을 그릇에 걸치거나 얹어 놓지 않는다.

④ 밥그릇, 국그릇, 죽그릇 등을 손으로 들고 먹지 않는다.

⑤ 국, 탕, 찌개는 숟가락으로 먹고 찬 종류는 젓가락으로 먹는다.

⑥ 음식을 먹을 때 수저가 그릇에 부딪혀서 소리가 나지 않도록 주의를 한다.

⑦ 수저 또는 젓가락으로 반찬이나 밥을 뒤적거리지 않도록 한다.

⑧ 김치 또는 반찬의 양념을 털어 내거나 먹지 않는 것을 골라내는 것은 좋지 않다.

⑨ 먹는 도중에 수저에 음식이 많이 묻지 않도록 하며 깨끗하게 먹는다.

⑩ 함께 먹는 음식은 각자 앞 접시에 덜어서 먹는다.

⑪ 곁들여 먹는 양념간장, 초장이나 초고추장도 접시에 덜어서 찍어 먹는 것이 좋다.

⑫ 음식을 먹는 도중에 뼈나 생선 가시 등을 상위나 바닥에 그대로 버려서 상(식탁)을 더럽히지 않도록 한다.

⑬ 식사 중에 예상치 않게 기침이나 재채기가 나오면 옆으로 하고 손이나 손수건으로 가려서 다른 사람에게 실례가 되지 않도록 주의한다.

⑭ 물을 마실 때에도 흘리지 않도록 주의하도록 한다.

⑮ 어른과 함께 식사를 할 때는 어른이 수저를 내려 놓은 다음에 내려 놓도록 한다.

⑯ 가능하면 식사 시간을 다른 사람들과 보조를 맞추면서 먹도록 한다.

⑰ 음식을 다 먹은 후에는 수저를 처음 위치에 가지런히 놓는다.

⑱ 이쑤시개를 사용할 때에는 한 손으로 가리고 사용하고, 사용 후에는 남에게 보이지 않게 처리한다.

⑲ 식사 중에 사용한 냅킨은 일어나기 전에 접어서 상 위에 가지런히 놓고 일어난다.

2) 외국인에게 한국음식을 대접할 때의 예절

외국인에게 있어 흥미롭게 상차림을 하는 것이 중요하며 우리의 전통 방법대로 음식을 상위에 차리고 수저를 놓는 방법으로 대접을 하면 된다. 하지만 좌식보다는 입식(테이블)이 외국인에게는 더 편리할 수 있다. 특히, 식탁은 물론 식탁보, 식탁깔개, 수저받침, 수저, 포크, 나이프, 냅킨, 물컵, 술잔, 식탁에서의 서빙 가위나 식탁을 닦는 행주 등에 있어서도 위생적으로 처리하는 것이 매우 중요하다.

PART 02

Korean Food

02

합격 한식조리산업기사 실기편(113종류)

01 감자조림

추천시간 30분

재료 및 분량

감자 350g, 소고기 50g, 실고추 1g,
풋고추 1개, 참기름 1작은술

소고기 양념 : 간장 1작은술, 설탕 1/2작은술, 다진파 · 다진마늘 · 참기름 · 깨소금 · 후춧가루 약간
조림장 : 간장 2큰술, 설탕 1큰술, 다진파 · 다진마늘 · 참기름 · 깨소금 · 후춧가루 약간 + 물 1/2컵

만드는 법

❶ 소고기는 3×1×0.3cm로 얇게 썰어 양념을 한 후 달군 팬에 참기름을 두르고 살짝 볶는다.
❷ 감자는 껍질을 벗기고 밤 크기로 썰어 모서리를 다듬고 데친다.
❸ 풋고추는 어슷썰어 씨를 뺀다.
❹ 냄비에 감자와 조림장을 넣고 조리다가 어느 정도 감자가 갈색으로 조려지면 소고기와 풋고추를 넣어 잠시 더 조린 후 참기름을 넣어준다.
❺ ❹에 실고추를 넣어 담아낸다.

조리 Point

감자가 부서지는 것을 막으려면 간장에 먼저 절였다가 조리며 자주 젓지 않는다.

02 구절판

추천시간 40분

재료 및 분량

소고기 50g, 숙주 60g, 석이버섯 10g, 당근 1/4개, 불린 표고버섯 2장, 오이 1/2개, 달걀 1개, 식용유 1큰술

밀전병 : 밀가루 5큰술, 물 5큰술, 소금 1/2작은술
소고기 · 표고버섯 양념 : 간장 1작은술, 설탕 1/2작은술, 다진파 · 다진마늘 · 참기름 · 깨소금 · 후춧가루 약간
겨자장 : 숙성된 겨자 1큰술, 식초 3큰술, 설탕 1큰술, 소금 1/3작은술, 간장 1/5작은술

만드는 법

❶ 밀가루에 소금물을 넣어 멍울이 없도록 저어준 뒤 체에 내린다.
❷ 숙주는 머리, 꼬리를 떼어 데쳐낸 후 소금과 참기름으로 양념한다.
❸ 겨자는 뜨거운 물(동량)로 개어 숙성시킨 후 겨자장을 만든다.
❹ 오이, 당근은 5cm 길이로 돌려깎기한 후 0.2×0.2cm로 채썰어 소금물에 절이고 참기름을 넣고 볶는다.
❺ 소고기와 불린 표고버섯은 채를 썰어 양념한 후 볶는다.
❻ 석이버섯은 채를 썬 후 소금과 참기름을 넣고 볶는다.
❼ 달걀은 황 · 백지단을 부쳐 5×0.2×0.2cm로 채썬다.
❽ 밀전병 반죽을 1큰술 떠놓아 지름이 6cm 정도로 얇고 둥글게 부친다.
❾ 접시 중앙에 밀전병을 놓고 준비한 재료의 색을 맞추어 돌려담는다.

조리 Point

- 모든 재료의 채는 고르고 얇게 썰고 센불에서 재빨리 볶아서 식혀야 색깔이 선명해진다.
- 당근과 오이는 소금물에 절여서 살짝 볶아야 숨이 죽어 동그랗게 돌려 담을 수 있다.

03 국수장국

추천시간 30분

재료 및 분량

소면 80g, 소고기 50g, 달걀 1개, 애호박 60g, 석이버섯 5g, 실고추 1g, 소금 1작은술, 참기름 1작은술, 간장 1작은술, 식용유 약간

만드는 법

❶ 냄비에 찬물을 반쯤 부어 소고기를 넣고 끓여 육수를 준비한다.

❷ ❶의 편육, 애호박은 돌려깎기하여 0.2×0.2×5cm로 채썰어 소금에 절인 후 참기름으로 간을 하고, 애호박은 팬에서 볶아낸다.

❸ 실고추는 2cm로 썰고, 황 · 백지단, 석이버섯은 0.2×0.2×5cm로 각각 채썬다. 석이버섯은 소금과 참기름을 넣어 살짝 볶아내어 고명으로 올린다.

❹ 소면은 물이 끓으면 소금과 식용유를 넣고 한컵의 물을 준비하여 끓어 오를 때마다 붓기를 4번 반복하며 삶는다. 다 삶아 낸 국수는 찬물에서 씻고 사리를 틀어 모양을 고정시킨다.

❺ ❶의 육수는 소금과 간장으로 간을 하고, 사리 튼 국수와 고명을 그릇에 담고 육수를 부어 완성한다.

조리 Point

- 국물의 색은 맑게 하고 사리는 풀어지지 않도록 한다.
- 국수에 1.5배 분량의 장국을 붓고 오색 고명을 담아낸다.

04 규아상

추천시간 35분

재료 및 분량

소고기(우둔살) 50g, 오이 1/2개, 불린 표고버섯 2장, 잣 1큰술, 밀가루 60g, 소금 · 참기름 · 식용유 약간

소고기 · 표고버섯 양념 : 간장 1큰술, 설탕 1/2큰술, 다진파 · 다진마늘 · 참기름 · 깨소금 · 후춧가루 약간
초간장 : 간장 1큰술, 식초 1/2큰술, 설탕 1/2큰술

만드는 법

1. 밀가루는 체에 쳐서 소금물로 반죽한 후 젖은 면포로 덮어 30분 정도 두었다가 0.1cm 얇게 밀어 지름 8cm 길이의 만두피를 요구사항에 맞게 만든다.
2. 오이는 5cm 길이로 썰고 돌려깎은 뒤 5×0.1×0.1cm 크기로 채를 썰어 소금물에 절였다가 물기를 꼭 짠 다음 참기름을 넣고 재빨리 볶아 펼쳐서 식힌다.
3. 소고기는 다지고 불린 표고버섯은 가늘게 채를 썰어 각각 양념한 후에 팬에서 볶아 식힌다.
4. 오이, 소고기, 표고버섯을 섞어 소를 만든다.
5. 만두피에 소와 잣을 하나씩 넣고 반으로 접어 양손 엄지 및 검지손가락을 마주 보게 만두피를 눌러 해삼모양으로 주름을 잡아가며 빚는다.
6. 김이 오른 찜통에 젖은 면포를 깔고 만두를 넣어 10분간 찐다.
7. 완성접시에 규아상 6개를 담고 초간장을 곁들여 낸다.

조리 Point

- 쪄낸 만두끼리 서로 달라붙지 않게 손에 찬물을 묻혀가며 만두를 꺼내 조심스럽게 접시에 놓는다.
- 만두피를 지름 8cm 정도로 밀어서 소를 넣어야 터지지 않고 주름모양이 확실하게 잡힌다.

05 깍두기

추천시간 20분

재료 및 분량

무 150g, 미나리 30g, 실파 30g, 소금 4큰술

고춧가루 양념 : 고춧가루 1/2컵, 설탕 1큰술, 새우젓 3큰술, 다진마늘 1큰술, 다진생강 1/2작은술, 소금 1/4작은술

만드는 법

❶ 무는 2×2cm 크기로 깍둑썰기 하여 소금에 절인다.
❷ 절인 무를 물에 씻은 후 체에 건져 물기를 빼 놓는다.
❸ 생강, 마늘, 새우젓은 곱게 다진다.
❹ 미나리와 실파는 2.5cm 정도 길이로 자른다.
❺ 무에 고춧가루를 넣고 잘 버무려 고춧가루물을 들인다.
❻ ❺에 다진 마늘, 생강, 새우젓, 설탕을 넣어 버무린다.
❼ ❻에 미나리와 실파를 넣고 살살 버무려 그릇에 담아 낸다.

조리 Point

절인 깍두기를 씻은 후 물기를 어느정도 제거해야 고춧가루가 잘 스며들므로 물기를 잘 빼도록 한다.

06 깻잎전

추천시간 20분

재료 및 분량

깻잎 5장, 소고기 60g, 두부 20g, 달걀 1개, 밀가루 2큰술

소고기 · 두부 양념 : 소금 · 간장 · 설탕 · 다진파 · 다진마늘 · 참기름 · 깨소금 · 후춧가루 약간
초간장 : 간장 1큰술, 식초 1/2큰술, 설탕 1/2큰술

만드는 법

❶ 깻잎은 크기가 일정한 것으로 준비하여 깨끗이 씻어 물기를 제거한다.
❷ 소고기는 물에 담가 핏물을 제거하여 곱게 다진다.
❸ 두부는 으깬 후 면포에 싸서 물기를 제거한다.
❹ ❷와 ❸을 섞어 양념을 한다.
❺ 깻잎에 밀가루를 묻힌 후 ❹를 얄팍하게 펴서 얹고 깻잎을 반으로 접는다.
❻ 접은 깻잎에 밀가루를 묻히고 달걀물을 씌워서 지져낸다.
❼ 초간장을 곁들여 낸다.

조리 Point

깻잎을 오래 지지면 색깔이 누렇게 되므로 소를 많이 넣지 않고 지져낸다.

07 꽃게찜

추천시간 35분

재료 및 분량

꽃게 2마리, 홍고추 2개, 풋고추 2개, 소고기 60g, 두부 20g, 석이버섯 5장, 달걀 2개, 밀가루, 식용유 1작은술, 참기름 1작은술, 소금 1작은술

소 양념 : 소금 2/3작은술, 다진파 · 다진마늘 · 생강즙 · 참기름 · 깨소금 · 후춧가루 약간

만드는 법

1. 꽃게는 깨끗하게 문질러 씻어 등딱지를 뗀 다음 게살을 발라내고 몸체는 밀대로 밀어서 살을 발라낸다.
2. 소고기는 곱게 다지고 두부는 곱게 으깬 후 물기를 제거하여 게살과 섞어 소 양념을 한다.
3. 꽃게껍질 안쪽에 식용유를 바르고 밀가루를 묻혀 ❷의 소를 넣어 채운 후 다시 밀가루를 바르고 노른자물을 입혀 게다리와 함께 찜솥에서 15분간 찐다.
4. 달걀은 황 · 백지단으로 부쳐 곱게 채를 썰고 석이버섯은 소금으로 문질러 씻은 다음 손으로 돌돌말아 얇게 채를 썰어서 참기름과 소금으로 간을 하여 살짝 볶는다.
5. 풋고추, 홍고추는 반을 갈라 씨를 빼고 3cm 길이로 곱게 채를 썬 다음, 팬에 식용유를 두르고 소금을 약간 뿌려 살짝 볶아낸다.
6. 쪄낸 꽃게 위에 고명으로 풋고추, 홍고추, 석이버섯, 황 · 백지단을 가지런히 얹는다.
7. 꽃게찜을 게다리와 함께 담는다.

조리 Point

고명을 담아낼 때는 빈틈이 없게 일정한 간격으로 얹어 담아낸다.

08 나박김치

추천시간 15분

재료 및 분량

배추 2장, 무 150g, 실파 1뿌리, 미나리 2줄기, 실고추 약간, 생강 1개, 마늘 2개, 고춧가루 2작은술, 소금 1작은술

만드는 법

❶ 물을 끓여 식혀서 준비한다.
❷ ❶에 고춧가루를 면포에 싸서 앞의 물에 넣고 불려 붉은 빛이 나도록 우려낸다.
❸ 배추와 무는 2.5×2.5×0.2cm 크기로 썰어 소금물에 살짝 절인다.
❹ 실파와 미나리는 다듬어서 2.5cm 길이로 자른다.
❺ 생강과 마늘은 고운 채로 썬다.
❻ 배추와 무가 절여지면 물에 씻어내어 물기를 제거한다.
❼ ❷의 고춧가루를 싼 면포를 배추와 무에 톡톡 두드리며 색을 들인다.
❽ ❷의 고춧가루물은 소금으로 간을 하고 배추, 무, 생강, 마늘, 실파, 미나리를 함께 넣고 실고추를 띄워 낸다.

조리 Point

고춧가루물을 곱게 하려면 면포에 걸러서 색과 양을 적당하게 조절한다.

09 너비아니구이

추천시간 25분

재료 및 분량

소고기 100g, 배 1/8개, 잣 5개

소고기 간장 양념장 : 간장 2큰술, 설탕 1큰술, 다진파 · 다진마늘 · 참기름 · 깨소금 · 후춧가루 약간+배즙 1큰술

만드는 법

❶ 소고기는 찬물에 담가 핏물을 뺀다.
❷ 결 반대로 포뜬 후 칼등으로 두들겨 4.5×5.5×0.3cm 크기로 정리한다.
❸ ❷의 고기에 칼끝을 세워 힘줄을 끊어 주고, 배는 강판에 간다.
❹ 소고기 간장 양념장을 만들어 고기를 재워 둔다.
❺ 석쇠를 달군 후 ❹의 고기를 굽는다.
❻ 완성된 너비아니는 4×5×0.5cm 크기로 그릇에 담는다.
❼ 잣은 종이를 깔고 밀대로 밀어서 칼날로 잘게 다진다.
❽ ❻의 소고기 위에 잣가루를 뿌려 낸다.

조리 Point

- 소고기를 부드럽게 먹기 위해서는 결을 반대로 저며야 하며 타지 않게 굽도록 한다.
- 소고기는 익었을 때 수축이 심하므로 요구 사항의 크기보다 크고 얇게 자른다.

10 느타리버섯나물

추천시간 20분

재료 및 분량

느타리버섯 200g, 소고기 60g, 청피망 50g, 식용유 2큰술, 소금 1큰술, 깨소금 1작은술, 참기름 1큰술

느타리버섯 양념 : 소금 1/3작은술, 다진파 · 다진마늘 · 참기름 · 깨소금 약간

소고기 양념 : 간장 1/2작은술, 설탕 1/4작은술, 다진파 · 다진마늘 · 참기름 · 깨소금 · 후춧가루 약간

만드는 법

❶ 느타리버섯은 밑동을 자르고 소금물에 데친다.
❷ 데친 느타리버섯은 손으로 찢어서 물기를 짠 다음 양념한다.
❸ 소고기는 5×0.2×0.2cm 크기로 채썰어서 양념한다.
❹ 청피망은 반으로 자른 다음 꼭지부분을 V자로 파낸다.
❺ ❹상태에서 씨를 제거하고 5×0.2×0.2cm 크기로 채썬다.
❻ 식용유를 두른 팬에 ❷, ❸, ❺를 각각 볶아 식힌다.
❼ 모두 섞어서 깨소금과 참기름을 넣어 다시 무쳐서 그릇에 담아낸다.

조리 Point

느타리버섯은 질감이 쫄깃하여 소고기와 함께 요리하면 좋다.

11 다시마 매듭자반

추천시간 20분

재료 및 분량

건다시마 30g(8×10cm), 잣 1큰술, 통후추 1작은술, 설탕 1작은술, 식용유 1컵

만드는 법

❶ 건다시마는 젖은 면포로 먼지를 깨끗이 닦은 후 5분 정도 젖은 면포를 씌워서 둔다.
❷ ❶의 건다시마를 1×10cm 정도의 크기로 자르고 끝을 v자로 잘라준다.
❸ 잣은 고깔을 떼어 놓는다.
❹ ❷의 다시마는 사진처럼 한줄씩 매듭을 짓고, 매듭 사이에 잣과 통후추를 한알씩 넣고 빠지지 않게 잘 당긴다.
❺ ❹의 다시마를 150℃의 식용유에 바삭하게 튀긴 다음 준비한 A4 용지 위에놓고 기름을 뺀다.
❻ 식기 전에 설탕을 뿌려 그릇에 담는다.

조리 Point

- 매듭을 지을 때 한쪽은 길게 해서 긴쪽을 돌려 매듭을 짓는다.
- 매듭 사이에 끼워진 잣이 타지 않게 튀겨내야 한다.
- 건다시마는 5분 정도 젖은 면포로 감싸두면 부드러워져서 매듭을 짓기 편하다.
- 건다시마 사이즈는 요구사항에 맞게 조절하여 사용한다.

12 닭찜

추천시간 35분

재료 및 분량

닭 1/2마리, 당근 50g, 피밤 1개, 양파 50g, 불린 표고버섯 1개, 달걀 1개, 은행 3개, 소금 1작은술, 식용유 2큰술

닭고기 양념장 : 간장 2큰술, 설탕 1큰술, 다진파 · 다진마늘 · 다진생강 · 참기름 · 깨소금 · 후춧가루 약간+물 140ml, 소금

만드는 법

❶ 닭은 찬물에 넣어 핏물을 제거한 후 4~5cm 길이로 잘라 칼집을 넣는다.
❷ 밤은 껍질을 벗기고, 당근도 밤톨모양으로 다듬고, 양파는 4cm 길이로 뿌리를 살려서 썰고, 불린 표고버섯은 2~4등분으로 썬다.
❸ 끓는 물에 당근, 닭을 각각 데쳐낸다.
❹ 황 · 백지단은 지져내서 마름모꼴 모양으로 자르고, 은행은 식용유와 소금을 넣어 볶아 껍질을 벗긴다.
❺ 양념장을 만들어 ❶의 닭과 당근, 양파, 표고버섯을 넣고 윤기나게 조려낸다.
❻ 그릇에 담아내고 황 · 백지단은 완자(마름모꼴) 모양으로 만들어 고명으로 각각 2개씩 은행과 함께 얹어 담아낸다.

조리 Point

- 닭이 잘 익도록 하되 색깔이 너무 진해지지 않도록 한다.
- 양념장의 2/3는 먼저 넣어 색을 낸 다음 나머지 양념장 1/3에 물을 섞어 넣어 마저 조린다.
- 채소의 종류는 계절에 따라 변경될 수 있다.

13 대추초 · 밤초

추천시간 35분

대추초

재료 및 분량

대추 8개, 잣 1큰술, 꿀 3큰술

만드는 법

❶ 대추는 젖은 면포로 닦고 돌려깎기하여 씨를 뺀 후, 안쪽에 꿀을 바르고 잣을 3~4개 채워서 원래 모양대로 말아서 오므린다.

❷ 냄비에 대추, 꿀을 넣고 끓으면 불을 줄여 약한 불에서 조린다.

❸ 윤기나게 조린 후 양쪽 끝에 잣을 박아 모양을 내어 그릇에 담아낸다.

밤초

재료 및 분량

밤 5개 , 꿀 2큰술, 소금 1/2작은술

만드는 법

❶ 밤은 껍질을 벗겨 모양내어 깎은 후 끓는 소금물에 익혀낸다.

❷ 냄비에 밤, 꿀을 넣고 끓으면 약불에서 서서히 조린 후 꿀물이 거의 조려지면 그릇에 담아낸다.

조리 Point

- 고명으로 잣가루를 뿌리기도 한다.
- 설탕이 지급이 되었을 경우는 시럽(물 1컵 : 설탕 2큰술)을 만들어 조린다.
- 계핏가루가 지급이 되면 꿀과 함께 넣어 끓여 조린다.

14 대합찜

추천시간 30분

재료 및 분량

대합 2개, 소고기 60g, 두부 20g, 달걀 2개, 풋고추 1개, 홍고추 1개, 석이버섯 5장, 밀가루 2큰술, 식용유 2큰술, 소금 1큰술, 참기름 1작은술

대합 소 양념 : 소금 2/3작은술, 다진파 · 다진마늘 · 생강즙 · 참기름 · 깨소금 · 후춧가루 약간

초간장 : 간장 1큰술, 식초 1/2큰술, 설탕 1작은술

만드는 법

❶ 대합은 옅은 소금물에 담가 해감을 토하게 한 후 데쳐서 대합의 입이 벌어지면 건져내고 내장을 제거한 후 살은 곱게 다지고, 껍질은 씻어 놓는다.

❷ 소고기, 두부는 곱게 다진 후 ❶의 대합살과 섞어 대합소 양념을 한다.

❸ 대합 껍질 안쪽에 식용유와 밀가루를 발라 준비한 소를 편편하게 채운 후 밀가루와 노른자를 입혀 찜솥에서 15분간 찐다.

❹ 홍고추, 풋고추는 씨를 제거하고 0.3×0.3×3cm 길이로 채를 썰고 소금과 참기름을 넣어 살짝 볶아서 식힌다.

❺ 황 · 백지단도 0.3×0.3×0.3cm 크기로 채를 썰고, 석이버섯도 채를 썰어 소금, 참기름을 넣어 살짝 볶아낸다.

❻ 찐 대합 위에 홍고추, 풋고추, 황 · 백지단, 석이버섯을 가지런히 고명으로 얹어 제출한다.

❼ 대합찜은 요구사항에 맞게 담고 초간장을 곁들여 낸다.

조리 Point

홍고추, 풋고추는 살짝 볶아 고유의 색이 선명하게 하여 고명으로 얹어 낸다. 숙주가 제공되며 데쳐서 물기를 제거한 후 송송 썰어 소로 사용한다.

15 더덕구이

추천시간 30분

재료 및 분량

통더덕 5개, 소금 2큰술	**유장** : 간장 1큰술, 참기름 3큰술 **더덕 양념장** : 고추장 2큰술, 설탕 1큰술, 간장 1/5작은술, 다진파 · 다진마늘 · 깨소금 · 후춧가루 약간 + 물 1큰술

만드는 법

❶ 더덕은 껍질을 벗겨 5cm 길이로 자른 다음 소금물에 담궈 쓴맛을 제거한다.
❷ 도마 위에 면포를 깔고 절여진 더덕을 놓고 방망이로 두들겨 얇게 편다.
❸ 얇게 편 더덕은 유장을 발라 초벌구이를 한다.
❹ ❸에 더덕 양념장을 바른 후 더덕 양념장의 설탕이 녹을 정도로만 구워 타지 않게 한다.
❺ 그릇에 담아 낸다.

조리 Point

- 더덕이 끊어지지 않도록 소금물에 잘 절여야 한다.
- 절인 더덕은 도마 위에 면포를 깔고 놓은 후 다시 면포로 덮어 방망이로 두들겨야 터지지 않고 펴진다.

16 더덕생채

추천시간 20분

재료 및 분량

통더덕 3개(껍질 있는 것, 길이 10~15cm 정도), 소금 1작은술

더덕 양념장 : 고춧가루 1큰술, 식초 1/2큰술, 설탕 1/2큰술, 소금 1/3작은술, 다진파 · 다진마늘 · 깨소금 약간

만드는 법

1. 더덕의 껍질을 벗겨 5cm 길이로 자른다.
2. 더덕을 소금물에 담가 쓴맛을 뺀다.
3. 절여진 더덕은 물기가 없도록 짠 다음 면포를 깐 도마 위에 올리고 밀대로 두드려 가늘게 찢는다.
4. 더덕 양념장을 만든다.
5. ❸에 ❹를 넣고 버무려 담아낸다.

조리 Point

- 더덕생채는 더덕을 두들겨 가늘게 찢고 양념을 하여 새콤하고 맵게 만든 생채이다.
- 더덕은 얇게 편썰어서 소금물에 절여야 숨이 죽어서 잘 찢어진다.

17 도라지생채

추천시간 15분

재료 및 분량

통도라지 3개, 소금 1작은술

생채 양념 : 고추장 1큰술, 고춧가루 1/3큰술, 설탕 1/2큰술, 식초 1/2큰술, 다진파 · 다진마늘 · 깨소금 약간

만드는 법

❶ 도라지는 껍질을 돌려가며 벗겨서 물에 씻는다.
❷ 도라지를 0.3×0.3×6cm 크기로 썰어 소금물에 담가 쓴맛을 뺀다.
❸ ❷의 도라지는 물에 씻은 후 물기를 제거한다.
❹ 생채 양념을 만든다.
❺ ❸의 도라지에 ❹의 양념을 버무려 담아낸다.

조리 Point

- 일정한 두께로 채를 썰도록 한다.
- 제출 직전에 무쳐야 물이 생기지 않는다.

18 도라지정과

추천시간 30분

재료 및 분량

통도라지 100g, 소금 1작은술

시럽 : 물 1컵, 설탕 2큰술, 물엿 1큰술, 꿀 1/3큰술

만드는 법

❶ 도라지는 껍질을 돌려가며 벗긴다.
❷ 도라지는 5×1×0.6cm 크기로 썰어 소금으로 주물러 쓴맛을 뺀 다음 끓는 소금물에 데친 후 찬물에 헹군다.
❸ 냄비에 물 1컵을 넣고 도라지, 설탕 2큰술을 넣어서 강불로 끓인다.
❹ 끓기 시작하면 약불로 줄인 다음 은근하게 조린다.
❺ 반쯤 조려지면 물엿 1큰술을 넣고 도라지가 투명해질 때까지 서서히 조린다.
❻ ❺가 1/3 정도로 조려지면 꿀 1/3큰술을 넣어 윤기를 낸다.
❼ 조려진 정과를 체에 받쳐 시럽을 빼고 보기좋게 담아낸다.

조리 Point

- 시럽(물 : 설탕 = 1컵 : 2큰술)은 1/3로 조려질 때까지 약불로 서서히 끓여내야 한다.
- 불 온도를 높게 하면 완성시 시럽이 굳어버리므로 반드시 약불에서 서서히 끓여야 한다.
- 완성된 정과는 투명한 색이 되도록 한다.
- 호일로 속뚜껑을 만들어 덮으면 윤기나게 조려진다.

19 돼지갈비찜

추천시간 20분

재료 및 분량

돼지갈비 200g, 감자 1/2개, 당근 50g, 양파 50g, 홍고추(생) 1/2개

돼지갈비 양념장 : 간장 2큰술, 설탕 1큰술, 다진파 · 다진마늘 · 다진생강 · 참기름 · 깨소금 · 후춧가루 약간+물 140ml

고추기름 : 식용유 2큰술, 홍고추 1개

만드는 법

1. 돼지갈비는 뼈에서 0.5cm를 남기고 ㄴ자로 저며가며 넓힌 후 5cm 정도의 토막으로 잘라 잔칼집을 넣는다.
2. 당근과 감자는 3cm 길이로 모서리를 제거하고 데친다.
3. 양파는 4cm 길이로 뿌리를 살려서 0.5cm 두께로 자른다.
4. 홍고추는 4cm 길이로 어슷썰기 한다.
5. 돼지갈비 양념장을 만든다.
6. 팬에 기름을 두르고 고추를 넣어 볶아 고추기름을 만들고, 여기에 갈비를 노릇하게 지져서 익힌다.
7. ⑥의 갈비에 양념장과 물을 넣고 끓이다가 당근, 감자, 양파를 넣고 익힌다.
8. 윤기나게 조린 후 그릇에 국물과 함께 홍고추를 얹어 담아낸다.

조리 Point

- 돼지갈비는 손질하기 전 찬물에 담가 핏물을 빼고 칼집을 넣어 조리한다.
- 양파는 숨이 죽으면 안 되므로 너무 익지 않게 한다.

20 된장찌개

추천시간 25분

재료 및 분량

소고기 50g, 두부 1/2모, 애호박 30g, 불린 표고버섯 1장, 풋고추 1개, 홍고추 1개, 대파 1/2대, 고춧가루 1작은술

소고기 양념 : 간장 1/2큰술, 다진파 · 다진마늘 · 참기름 · 후춧가루 약간

된장육수 : 쌀뜨물(물) 3컵, 된장 2큰술, 고춧가루 1작은술, 다진마늘 1/2작은술

만드는 법

❶ 두부는 2.5×2.5cm 크기로 네모지게 썬다.
❷ 소고기는 너붓너붓 썰어 양념을 한다.
❸ 풋고추, 홍고추는 어슷썰어 씨를 빼고 대파도 어슷하게 썬다.
❹ 애호박은 0.5cm 두께로 썰고, 불린 표고버섯도 4등분한다.
❺ 된장육수를 만든다.
❻ 냄비에 소고기를 넣어 볶다가 된장육수를 넣고 끓인 후 애호박과 ❹의 표고버섯을 넣고 끓이다 애호박이 어느 정도 익으면 두부를 넣어 끓인다.
❼ 맛이 잘 어우러지면 풋 · 홍고추, 대파, 고춧가루를 넣어 잠시 더 끓인 후 그릇에 담아낸다.

조리 Point

된장은 국물에 적당히 풀어야 하며, 너무 오래 끓이면 텁텁해지므로 주의한다.

21 두부선

추천시간 30분

재료 및 분량

두부 1/2모, 닭고기 60g, 홍고추 1/4개, 풋고추 1/2개, 불린 표고버섯 1장, 불린 석이버섯 2장, 달걀 1개, 실고추 1g, 잣 1작은술

전체 양념 : 소금 1/2작은술, 다진파 · 다진마늘 · 참기름 · 깨소금 · 후춧가루 약간
고명 : 황 · 백지단, 표고버섯, 실고추, 석이버섯, 비늘잣
초간장 : 간장 1큰술, 식초 1/2큰술, 설탕 1/2큰술

만드는 법

❶ 닭고기는 살만 발라서 힘줄 제거 후 곱게 다지며, 홍고추 · 풋고추를 다지고 불린 표고버섯을 가늘게 채썬다.
❷ 잣은 고깔을 떼어놓고 반으로 쪼개어 비늘잣을 만든다.
❸ 달걀은 황 · 백지단을 나누어 부치고 1×0.1×0.1cm 크기로 가늘게 채썬다.
❹ 두부는 칼을 눕혀 으깨어 면포에 싸서 물기를 제거한다.
❺ 불린 석이버섯은 가늘게 채를 썰고 실고추는 2cm 정도로 자른다.
❻ 두부와 닭고기, 홍고추, 풋고추를 섞어 전체 양념을 한다.
❼ 젖은 면포를 펴고 양념한 두부를 두께 1cm 정도로 고루펴서 네모지게 만들고, 표고버섯, 석이버섯을 얹고 김이 오른 찜통에 중불에서 10여분 쪄낸다.
❽ ❼에 황 · 백지단, 실고추, 비늘잣을 올려 살짝 쪄내고 꺼내어 식힌다.
❾ ❽은 3×3×1cm 정도의 크기로 썰어 담아서 초간장을 곁들여 낸다.

조리 Point

완성된 두부선은 균일한 크기로 자른다.

22 두부젓국찌개

추천시간 20분

재료 및 분량

두부 100g, 굴 30g, 실파 1뿌리, 홍고추 1/2개, 새우젓 10g, 마늘 1개, 참기름 1작은술, 소금 1작은술

만드는 법

❶ 두부는 2×3×1cm 크기로 썰어둔다.
❷ 홍고추는 3×0.5cm 크기로 채썰고, 실파는 3cm 길이로 썬다.
❸ 굴은 연한 소금물로 흔들어 씻는다.
❹ 물 300ml에 새우젓을 넣고 끓이다가 소금으로 간을 하고 거품은 걷어낸다.
❺ 두부를 넣고 끓이다가 두부가 떠오르면 굴, 홍고추, 마늘, 실파를 넣는다.
❻ 불을 끄고 참기름 1~2방울 떨어뜨려 완성한다.

조리 Point

- 찌개이므로 건더기 양(2/3)과 국물(1/3)의 양을 잘 맞추어야 한다.
- 새우젓은 곱게 다져 국물만 사용하여 물이 탁하지 않고 맑게 끓여서 낸다.
- 굴이 동그랗고 부푼 정도에서 불을 끈다.

23 두부조림

추천시간 25분

재료 및 분량

두부 200g, 대파 1대, 실고추 1g, 식용유 2큰술, 소금 1작은술, 후춧가루 1g

두부조림 양념장 : 간장 1큰술, 설탕 1/2큰술, 다진파 · 다진마늘 · 참기름 · 깨소금 · 후춧가루 약간 + 물 70ml

만드는 법

❶ 두부는 4.5×3×1cm 크기로 균일하게 썰어 소금, 후춧가루를 뿌린다.
❷ 물기를 제거한 ❶의 두부를 팬에 식용유를 두른 후 노릇하게 지진다.
❸ 대파와 실고추를 2cm 길이로 채썰어 준비한다.
❹ 노릇하게 지진 두부를 냄비에 넣고 양념장의 2/3를 두부에 끼얹어 끓인 다음 나머지 1/3의 양념장에 물을 섞어 두부에 마저 붓고 조린다.
❺ 조려진 두부에 고명(대파, 실고추)을 얹은 뒤 잠깐 뜸을 들인다.
❻ 완성된 두부 8쪽을 그릇에 담아내고 촉촉하게 보이도록 국물을 약간 끼얹어 낸다.

조리 Point

- 두부의 크기에 주의하여야 하며 촉촉해 보이도록 국물을 약간 끼얹는다.
- 두부는 조린 후에 두께가 줄어들어 시험에서 요구하는 크기보다 약간 크게 잘라서 지져낸다.

24 만둣국

추천시간 45분

재료 및 분량

밀가루 60g, 소고기 60g, 두부 50g, 숙주 30g, 배추김치 40g, 달걀 1개, 미나리 20g, 소금 1작은술

육수 : 소고기, 대파, 마늘, 국간장 1작은술, 소금 약간
만두소 양념 : 소금 1/2작은술, 다진파 · 다진마늘 · 참기름 · 깨소금 · 후춧가루 약간

만드는 법

❶ 밀가루는 소금물로 반죽하여 젖은 면포로 덮어 숙성시켜 8cm 크기로 둥글게 민다.
❷ 숙주는 끓는 소금물에 데친 후 다져서 물기를 제거한다.
❸ 소고기의 일부는 다지고 일부는 파, 마늘을 넣어서 육수를 만들고, 김치와 두부는 곱게 다져 물기를 제거한다.
❹ ❷, ❸을 섞어서 만두소 양념을 한다.
❺ ❹의 양념한 소를 만두피에 넣어 만두모양을 만든다.
❻ 황 · 백지단을 지지고, 미나리는 꼬치에 끼워 밀가루와 달걀흰자를 입혀 초대를 만들고 마름모꼴 모양으로 자른다.
❼ ❸의 소고기 육수는 면포에 걸러 소금과 국간장으로 간을 하고, 끓으면 만두를 넣어 만두가 떠오를 때까지 익힌다.
❽ 만두와 육수를 그릇에 담고 황 · 백지단과 미나리 초대를 각각 2개씩 고명으로 얹는다.

조리 Point

- 만두피는 일정한 크기로 얇게 밀도록 한다.
- 불이 너무 세면 만두가 터질 수 있으므로 중불에서 끓인다.
- 만두는 5개 이상 담아 낸다.

25 잔멸치볶음

추천시간 20분

재료 및 분량

잔멸치 100g, 식용유 1큰술, 참기름 1작은술, 물엿 1큰술, 풋고추 1/2개, 홍고추 1/2개, 통깨 약간

양념장 : 간장 2큰술, 설탕 1큰술, 물 2큰술

만드는 법

❶ 멸치는 잔가루를 털어내고 뜨거운 팬에 볶아 비린 맛을 제거한다.
❷ 풋고추, 홍고추는 반을 갈라 씨를 뺀 후 4×0.2cm 크기로 채썬다.
❸ 팬에 식용유를 두르고 양념장을 넣어 1/2 정도가 될 때까지 끓여 조린다.
❹ 기름 두른 팬에서 ❶의 멸치를 넣어 볶다가 ❸을 넣어 재빨리 볶아낸다.
❺ ❹에 물엿 1큰술을 넣어 고루 섞고, 풋고추, 홍고추, 통깨, 참기름을 넣어 마무리한다.

조리 Point

- 팬에 기름을 두르지 않고 멸치를 볶으면 멸치의 비린 맛을 제거할 수 있다.
- 멸치볶음이 거의 볶아질 때 풋고추, 홍고추를 넣어야 색감을 살릴 수 있다.
- 풋고추가 제공되면 홍고추와 동일하게 사용한다.

26 명란젓찌개

추천시간 30분

재료 및 분량

명란젓 100g, 무 1/4개, 두부 100g, 소고기 50g, 쪽파 20g, 새우젓 1작은술, 참기름 1작은술, 소금 1작은술

소고기 양념 : 국간장 1/2작은술, 다진파 · 다진마늘 · 참기름 · 후춧가루 약간

만드는 법

❶ 쪽파는 4cm 길이로 썰고, 무와 두부는 3cm 길이로 납작하게 썬다.
❷ 소고기는 얇게 저며 썬 후 소고기 양념을 하여 냄비에 참기름을 두르고 볶다가 물을 부어 끓인다.
❸ 명란젓은 3cm 길이로 자른다.
❹ ❷의 국물에 무를 넣어 익으면 명란젓, 두부, 쪽파를 넣어 끓인다.
❺ 끓이다가 싱거우면 새우젓과 소금으로 간을 한 다음 불을 끄고 참기름을 한 두방울 넣는다.

조리 Point

찌개이므로 국물(1/3)과 건더기(2/3)의 비율에 유의한다.

27 무나물

추천시간 15분

재료 및 분량

무 100g, 참기름 1작은술, 깨소금 1작은술, 소금 약간

무나물 양념 : 소금 1/2작은술, 다진파 · 다진마늘 약간

만드는 법

1. 무는 껍질을 벗겨서 6×0.3×0.3cm 크기로 채썬 후 소금에 살짝 절여 물기를 제거한다.
2. 냄비에 참기름을 두르고 무채를 볶는다.
3. 볶다가 무가 숨이 죽으면 양념을 한다.
4. ❸에 물 4큰술을 넣고 뚜껑을 덮고 약한불로 무가 투명해질 때까지 조린다.
5. 국물이 1큰술이 남으면 깨소금과 참기름을 넣어서 전체양념을 하고 그릇에 담는다.

조리 Point

무는 은근한 불에서 조려야 맛이 우러나와 더 시원한 맛이 난다.

28 무생채

추천시간 15분

재료 및 분량

무 100g, 고춧가루 2작은술

무생채 양념 : 식초 1큰술, 설탕 1큰술, 소금 1/3작은술, 다진파 · 다진마늘 · 다진생강 · 깨소금 약간

만드는 법

❶ 무는 깨끗이 씻어서 껍질을 벗긴다.
❷ 무를 0.2×0.2×6cm 크기로 채썬다.
❸ 고춧가루는 체에 쳐서 준비한다.
❹ 무생채 양념을 만든다.
❺ 채썬 무에 고춧가루를 넣고 젓가락으로 저으면서 물을 들인다.
❻ ❺에 무생채의 양념을 섞어 버무려서 낸다.

조리 Point

- 제출하기 직전에 무쳐야 물이 생기지 않는다.
- 새콤달콤한 맛이 나도록 양념의 비율에 유의한다.
- 고춧가루가 뭉치거나 무의 색이 너무 빨갛지 않도록 한다.

29 무숙장아찌

추천시간 25분

재료 및 분량

무 100g, 미나리 20g, 소고기 30g, 실고추 1g, 참기름 1작은술, 깨소금 1작은술, 식용유 2작은술

소고기 양념 : 간장 1작은술, 설탕 1/2작은술, 다진파 · 다진마늘 · 참기름 · 깨소금 · 후춧가루 약간

만드는 법

❶ 무는 씻어서 껍질을 벗긴 후 0.6×0.6×5cm 크기로 썰어 간장에 절인다.
❷ 소고기는 결대로 0.3×0.3×5cm 크기로 썰어 소고기 양념을 한다.
❸ 미나리는 4cm 길이로 썰어 준비한다.
❹ 팬에 기름을 두르고 소고기를 넣어 볶다가 익으면 무를 넣고 볶는다.
❺ ❹에 미나리를 넣은 후 불을 끄고 식혀둔다.
❻ ❺의 재료가 다 식으면 참기름, 깨소금, 실고추를 넣어 버무려 낸다.

조리 Point

- 간장에 절인 무는 자주 뒤적여 주어 색깔이 고루 배게 한다.
- 소고기 → 무 → 미나리 순으로 넣어가면서 볶는다.

30 미나리강회

추천시간 35분

재료 및 분량

소고기 80g, 미나리 30g, 홍고추 1개, 달걀 1개, 소금 1작은술, 식용유 1작은술, 이쑤시개

초고추장 : 고추장 1큰술, 설탕 1/2큰술, 식초 1/2큰술, 물 1큰술

만드는 법

❶ 미나리는 줄기 부분만 정리하여 뜨거운 소금물에 넣고 살짝 데친 후 찬물에 헹구어 물기를 짠다.
❷ 소고기는 끓는 물에 넣어 삶아 편육으로 하여 5×1.5×0.3cm 크기로 썬다.
❸ 지단은 황 · 백으로 두껍게 부쳐 5×1.5×0.3cm 크기로 썬다.
❹ 홍고추는 씨를 빼고 0.5×4cm 크기로 썬다.
❺ 편육, 황 · 백지단, 홍고추를 순서대로 포개어 잡고 미나리로 돌려 감아 이쑤시개로 이음새 부분을 집어 넣어 마무리한다.
❻ 초고추장을 종지에 담아낸다.

조리 Point

- 미나리 굵기가 굵으면 2~3갈래로 찢어서 사용한다.
- 미나리강회의 갯수(8개)에 유의하고 미나리가 풀어지지 않도록 한다.
- 황 · 백지단은 백지단, 황지단순으로 포개어 놓고 한꺼번에 잘라야 크기도 일정하고 시간도 절약할 수 있다.

31 밀쌈

추천시간 35분

재료 및 분량

오이 1/3개, 당근 30g, 죽순 30g, 불린 표고버섯 2장, 소고기 30g, 소금 1큰술, 참기름 1작은술

소고기 · 표고버섯 양념 : 간장 · 설탕 · 다진파 · 다진마늘 · 참기름 · 깨소금 · 후춧가루 약간
밀전병 : 밀가루 1/2컵, 물 1/2컵, 소금 1작은술
겨자초간장 : 발효겨자 1작은술, 식초 1큰술, 설탕 1큰술, 소금 1/3작은술, 간장 1/6작은술

만드는 법

❶ 밀가루는 소금물로 묽게 개어 체에 걸러 밀전병 반죽을 한다.
❷ 당근과 오이는 돌려깎기하고, 5×0.1×0.1cm 크기로 곱게 채썬 후 소금과 참기름으로 살짝 볶아내어 식힌다.
❸ 죽순도 같은 크기로 채썬 후 소금과 참기름으로 양념하고 볶아내어 식힌다.
❹ 소고기는 결대로 가늘게 채썰고, 불린 표고버섯은 곱게 채를 썰어 각각 양념을 하고 팬에 볶아내어 식힌다.
❺ ❶은 팬에서 20×15cm 정도 크기로 넓고 얇게 부쳐 밀전병을 만든다.
❻ ❺에 ❷, ❸, ❹를 가지런히 놓은 다음 지름 2cm 정도 되게 단단하게 만 후 4cm 길이 정도로 썰어 요구사항에 맞게 담아낸다.
❼ 겨자초간장을 곁들여 낸다.

조리 Point

- 밀쌈은 속 재료가 보일 정도로 얇게 부치고, 속이 비어 틈이 생기지 않도록 단단히 싼다.
- 밀쌈은 반죽 후 30여분 숙성을 시킨 다음에 부치면 탄력성과 끈기가 증가되어 훨씬 더 쫄깃한 맛이 난다.

32 배숙

추천시간 30분

재료 및 분량

배 1/4개, 통후추 10개, 생강 30g, 황설탕 2큰술, 잣 3개, 흰 설탕 1 1/2 작은술

만드는 법

❶ 생강은 얇게 편썰어 찬물에 넣고 끓여 생강물을 우려낸다.
❷ 배는 8등분하여 껍질을 벗기고 직사각형 모양으로 썰어 씨를 제거하고 끝을 동글린다.
❸ 다음은 배의 등쪽에 통후추를 일정한 간격으로 깊숙이 박는다.
❹ ❶의 생강물 2컵에 흰 설탕 1큰술과 황설탕 2큰술을 넣은 후 배를 넣고 투명해질 때까지 익힌다.
❺ 익혀낸 배는 건져서 맑고 투명한 색이 되도록 식힌다.
❻ 그릇에 생강물을 붓고 배와 잣을 띄워 낸다.

조리 Point

- 설탕의 농도와 색깔에 유의하고 통후추가 빠지지 않도록 깊게 박는다.
- 배는 3쪽 이상, 생강물은 200ml(1컵) 담은 후 잣을 띄운다.

33 배추겉절이

추천시간 15분

재료 및 분량

배추 1/4포기, 굵은 소금 2큰술, 참기름 1작은술

겉절이 양념 : 고춧가루 2큰술, 설탕 1큰술, 간장 1작은술, 다진 새우젓 1작은술, 다진생강 · 다진파 · 다진마늘 · 깨소금 약간

만드는 법

❶ 배추는 밑동을 잘라서 잎을 하나하나 떼어내어 굵은 소금에 절인 다음 씻어 건져서 물기를 뺀다.
❷ ❶을 먹기 좋은 크기로 찢어 놓는다.
❸ 겉절이 양념을 만든다.
❹ ❷의 배추에 겉절이 양념을 하여 버무린다.
❺ 제출 직전에 참기름을 넣고 버무려 그릇에 담는다.

조리 Point

소금물에 절일 때에는 소금 : 물의 비율을 1 : 10으로 하여 절인다.

34 뱅어포구이

추천시간 20분

재료 및 분량

뱅어포 50g, 식용유 1큰술

구이 양념장 : 고추장 2큰술, 물엿 1큰술, 설탕 1큰술, 간장 1/2작은술, 다진파 · 다진마늘 · 깨소금 · 참기름 · 후춧가루 약간

만드는 법

❶ 구이 양념장을 만든다.
❷ 뱅어포의 티를 골라낸다.
❸ 뱅어포 한 면에 양념장을 골고루 바른 후 말린다.
❹ 달군 팬에 식용유를 두르고 약불에서 서서히 뱅어포를 굽는다.
❺ 뱅어포가 식으면 4×2cm 크기로 썰어서 그릇에 담아낸다.

조리 Point

뱅어포는 양념장을 바르고 햇볕에 놓아 물기를 말리면 더 잘 구워진다.

35 북어구이

추천시간 20분

재료 및 분량

북어포 1마리

유장 : 참기름 1큰술, 간장 1작은술
고추장 양념 : 고추장 1큰술, 설탕 1/2큰술, 다진파 · 다진마늘 · 깨소금 · 후춧가루 약간

만드는 법

❶ 북어포를 지느러미, 검은 막 제거 후 머리를 자른다.
❷ ❶을 물에 잠깐 불린 후 물기를 눌러 짠다.
❸ 북어포의 뼈를 제거 후 6cm 길이로 토막을 내어 껍질부분에 #모양의 칼집을 넣는다.
❹ ❸에 유장을 바른 다음 애벌구이를 한다.
❺ 고추장 양념을 만든다.
❻ ❺를 ❹에 바른 다음 다시 타지 않게 구워서 그릇에 담아 낸다.

조리 Point

- 북어는 유장을 바르고 어느 정도 익힌 뒤 고추장 양념을 발라 구워야 타지 않고 색도 좋다.
- 껍질쪽에 잔칼집을 넣어 북어의 형태가 흐트러지지 않도록 한다.

36 북어보푸라기

추천시간 20분

재료 및 분량

북어포 1마리

공통 양념 : 참기름 1큰술, 깨소금 1작은술, 설탕 1작은술

삼색 양념 :
- 붉은색 – 고춧가루 1작은술, 소금 1/3작은술
- 흰색 – 소금 1/3작은술
- 노란색 – 간장 1작은술

만드는 법

❶ 북어포는 머리, 지느러미, 검은 막을 제거하고 뼈와 가시를 발라낸다.
❷ ❶의 부분을 강판에 갈아서 보푸라기를 만든다.
❸ 보푸라기에 설탕, 깨소금, 참기름으로 공통 양념 간을 한다.
❹ ❸의 보푸라기를 3등분한다.
❺ 3등분한 보푸라기에 각각의 삼색 양념을 무친다.
❻ 그릇에 보기좋게 담아 낸다.

조리 Point

- 북어보푸라기는 강판이나 숟가락으로 긁으면 된다.
- 북어를 3등분할 때 노란색 양념에 무칠 북어는 줄어들 양을 감안하여 좀더 많은 양을 배분한다.
- 고춧가루는 뭉치지 않게 비벼가며 무친다.

37 북어찜

추천시간 25분

재료 및 분량

북어포 1마리, 대파 1대, 실고추 1g

북어찜 양념장 : 간장 2큰술, 설탕 1큰술, 다진파 · 다진마늘 · 다진생강 · 참기름 · 깨소금 · 후춧가루 약간 + 물 140ml

만드는 법

❶ 북어포는 머리, 지느러미, 검은막을 제거한다.
❷ 물에 담갔다가 건져 가시, 뼈를 발라내고 물기를 짠다.
❸ 북어포는 6cm 길이로 3토막을 낸 다음 껍질 쪽에 잔칼집을 넣는다.
❹ 양념장을 만들고 실고추는 2cm 길이로 잘라 준비한다.
❺ 대파의 일부는 2cm 길이로 반을 갈라서 속의 심은 버리고 채를 썰고 반은 다져서 양념장에 넣는다.
❻ 냄비에 북어 껍질 부위가 바닥으로 닿게 놓고 양념장을 북어포에 끼얹고 끓으면 중불로 줄여 국물이 1/2로 줄어들 때까지 끓인 후 약불로 줄여 1큰술 정도의 국물이 남을 때까지 조린다.
❼ 북어가 잘 무르면 꺼내기 직전에 실고추와 채썬 파를 고명으로 얹어 살짝 익혀 낸다.

조리 Point

북어는 약한불에서 국물을 끼얹어 가면서 조리면 색이 고루나고 오그라들지 않는다.

38 비빔밥

추천시간 50분

재료 및 분량

불린 쌀 150g, 애호박 60g, 도라지 20g, 불린 고사리 30g, 청포묵 40g, 소고기 30g, 달걀 1개, 건다시마 1장, 소금 1작은술, 참기름 1작은술

소고기 · 고사리 양념 : 간장 1큰술, 설탕 1/2작은술, 다진파 · 다진마늘 · 참기름 · 깨소금 · 후춧가루 약간
약고추장 : 고추장 1큰술, 설탕 1큰술, 물 1큰술, 다진 소고기 약간

만드는 법

1. 청포묵은 5×0.5×0.5cm 크기로 썰어 데쳐내어 소금과 참기름으로 밑간하고 밥은 고슬고슬하게 짓는다.
2. 도라지는 껍질을 벗기고 5×0.3×0.3cm 크기로 채썰어 소금으로 주물러서 쓴맛을 뺀 다음 참기름을 넣고 잘 무르도록 볶고 소금간을 한다.
3. 애호박은 5×0.3×0.3cm 크기 정도로 돌려깍기하여 채썬 후 소금에 절였다가 물기를 짠 다음 참기름을 넣어 볶아 식혀둔다.
4. 불린 고사리는 5cm로 잘라서 양념장에 무쳐 물 1큰술을 넣어 기름에 볶는다.
5. 소고기 일부는 채 썰어서 양념하여 볶고, 일부는 다져서 고추장, 설탕, 물을 넣어 1/2이 될 때까지 조려 약고추장을 만든다.
6. 건다시마는 기름에 볶아 잘게 부수어 놓고 달걀은 황 · 백지단을 부쳐 5×0.3×0.3cm 크기로 채썬다.
7. 그릇에 밥을 담은 후 준비한 재료를 돌려 담고, 황 · 백지단, 건다시마, 약고추장을 곁들여낸다.

조리 Point

밥짓기 : 불린 쌀(쌀 : 물=1 : 1)을 센불에서 끓이다가 냄비뚜껑 가장자리에 하얀 김이 나오면 중불로 줄이고, 밥튀기는 소리가 나면 나무주걱으로 밥을 젓고 약불로 줄여 3~5분간 뜸을 들인다.

39 사슬적

추천시간 25분

재료 및 분량

흰살생선 150g, 소고기 100g, 두부 30g, 잣 1작은술, 밀가루 2작은술, 식용유 1작은술, 산적꼬지(길이 10cm 정도) 4개

생선살 양념 : 간장 1큰술, 소금 1/4작은술, 다진파 · 다진마늘 · 다진생강 약간
소고기 · 두부 양념 : 소금 1작은술, 다진파 · 다진마늘 · 참기름 · 깨소금 · 후춧가루 약간
초간장 : 간장 1큰술, 식초 1/2큰술, 설탕 1/2큰술

만드는 법

❶ 흰살 생선은 7×1×0.7cm 크기로 썰어서 소금을 뿌려두어 물기를 닦고 생선살 양념으로 무친다.
❷ 소고기는 곱게 다지고, 두부는 곱게 으깨어 물기를 짠 후 한데 합쳐서 소고기 · 두부 양념을 한다.
❸ 흰살 생선을 꼬치에 끼우고 옆면에 밀가루를 묻힌 다음 양념한 소고기를 생선살 사이사이에 채워서 고르게 눌러 붙인다.
❹ 팬에 식용유를 두르고 ❸을 고루 지져낸다.
❺ ❹를 그릇에 담아 곱게 다진 잣가루를 뿌린 후 초간장을 곁들여 낸다.

조리 Point

- 사슬적은 사슬모양으로 꿰었다고 해서 붙여진 이름이다.
- 소고기는 수축되어 크기가 작아지므로 생선살보다 1cm 정도 길게 한다.
- 꼬치는 빼서 접시에 담아 완성한다.

40 삼색경단

추천시간 20분

재료 및 분량

찹쌀가루 2컵, 꿀 약간, 잣 1큰술, 소금 1작은술

고물 : 카스테라 고물 2큰술, 팥계피 고물 2큰술, 참깨 고물 2큰술

만드는 법

❶ 찹쌀가루는 체에 내려 소금물로 익반죽한 다음 젖은 면포로 씌워 둔다.
❷ ❶을 지름이 2cm 정도 되게 떼어서 잣 1알씩을 넣고 동그랗게 빚는다.
❸ 끓는 물에 ❷의 찹쌀경단을 넣어 떠오르면 건져내 찬물에 담궈 식힌다.
❹ 물기를 뺀 다음 꿀에 담근다.
❺ 카스테라 고물, 팥계피 고물, 참깨 고물을 묻혀 그릇에 담는다.

조리 Point

경단 모양은 균일하게 만들고, 각 고물들이 섞이지 않게 잘 담아낸다.

41 삼색밀쌈

추천시간 40분

재료 및 분량

오이 1/2개, 당근 60g, 죽순 30g, 불린 표고버섯 2장, 소고기 30g, 달걀 1개, 소금 1작은술, 참기름 2작은술, 식용유 2작은술

소고기 · 표고버섯 양념 : 간장 · 설탕 · 다진파 · 다진마늘 · 참기름 · 깨소금 · 후춧가루 약간

삼색밀전병 :
- 흰색 – 밀가루 1/2컵, 물 1/2컵, 소금 1/2작은술
- 주황색 – 밀가루 1/2컵, 당근즙 1/2컵, 소금 1/2작은술
- 녹색 – 밀가루 1/2컵, 오이즙 1/2컵, 소금 1/2작은술

겨자초간장 : 숙성겨자 1작은술, 식초 1큰술, 설탕 1큰술, 소금 1/3작은술, 간장 1/5작은술

만드는 법

1. 당근과 오이는 즙을 내 소금을 넣고, 3등분한 밀가루와 같이 반죽을 하여 체에 내린다.
2. 당근, 오이는 돌려깍기하여 5×0.1×0.1cm 크기로 곱게 채썰고, 죽순도 같은 크기로 채썬 후 소금과 참기름으로 양념하고 볶아내어 식힌다.
3. 소고기는 결대로 가늘게 채썰고 불린 표고버섯은 곱게 채를 썰어 각각 양념을 하고 팬에 볶아내어 식힌다.
4. 달걀은 황 · 백지단을 부쳐 채를 썬다.
5. 삼색 밀가루 반죽은 팬에서 지름 20×15cm 정도로 넓고 얇게 부친다.
6. 삼색 밀전병에 각각 ❷, ❸을 가지런히 놓은 다음 가장자리에 밀가루풀을 발라 지름 2cm 정도 되게 단단하게 말아서 4cm 길이로 썰어 요구사항에 맞게 초간장과 함께 제출한다.

조리 Point

- 밀쌈은 반죽 후 숙성을 시킨 다음에 부치면 탄력성과 끈기가 증가되어 쫄깃하다.
- 밀쌈은 속 재료가 보일 정도로 얇게 부치고 속이 비어 틈이 생기지 않도록 단단히 싼다.

42 삼치조림

추천시간 30분

재료 및 분량

삼치 1마리, 무 100g, 양파 60g, 풋고추 2개, 홍고추 1개

조림 양념장 : 간장 3큰술, 설탕 1큰술, 고춧가루 2큰술, 청주 1큰술, 다진파 · 다진마늘 · 다진생강 · 깨소금 · 후춧가루 약간 + 물 1컵

만드는 법

❶ 삼치는 싱싱한 것으로 골라 지느러미와 내장을 손질하여 4cm 길이로 비스듬히 저며 썰어 준비한다.
❷ 양파는 반 갈라서 굵게 썰고, 풋 · 홍고추는 어슷썰어 씨를 뺀다.
❸ 조림 양념장을 만든다.
❹ 무는 3×4×0.5cm 크기로 나박나박 썬다.
❺ 냄비에 무를 깔고 삼치와 양파를 넣고 조림 양념장의 1/2를 삼치 위에 끼얹은 다음, 물 1컵을 넣어 끓이다가 국물이 어느 정도 줄어들면 나머지 조림 양념장을 넣고 풋 · 홍고추를 넣어 좀더 조린다.
❻ 그릇에 보기 좋게 담아낸다.

조리 Point

- 생선 조리시 처음에는 뚜껑을 닫고 조리하다가 중간에 뚜껑을 열어 비린내를 제거한다.
- 생선요리에 청주를 넣으면 맛이 쫄깃해지고 덜 부스러지며, 고춧가루를 넣으면 비린내를 없애는 역할을 한다.

43 새우전

추천시간 20분

재료 및 분량

새우 6마리, 달걀 1개, 밀가루 2작은술, 식용유 1작은술, 소금 1작은술, 흰후춧가루 2g

만드는 법

❶ 새우는 씻어낸 후 머리를 떼고 등쪽의 내장을 꼬챙이로 제거한다.
❷ ❶의 새우를 꼬리쪽의 마지막 한마디와 꼬리를 남기고 나머지 껍질을 벗긴다.
❸ 새우는 배쪽에 길이로 칼집을 넣어 한 장으로 펴서 오그라들지 않게 잔칼집을 넣는다.
❹ ❸은 물기를 닦고 소금과 흰후춧가루를 뿌려 둔다.
❺ ❹의 새우에 밀가루를 묻히고 달걀물을 씌워 팬에 식용유를 두르고 지져낸다.

조리 Point

- 새우의 꼬리쪽은 밀가루가 묻지 않도록 한다.
- 새우에 잔칼집을 넣지 않으면 구부러진다.

44 생선양념구이

추천시간 30분

재료 및 분량

생선 1마리(조기 100~120g), 소금 2작은술, 식용유 1작은술

유장 : 참기름 1작은술, 간장 2작은술
고추장 양념 : 고추장 1큰술, 설탕 1/2큰술, 다진파 · 다진마늘 · 깨소금 · 후춧가루 약간

만드는 법

❶ 생선은 지느러미, 비늘을 칼로 긁어 제거하고 아가미 속으로 젓가락을 넣어 내장을 끄집어 내어 제거한 후 아가미도 가위로 잘라 제거한다.
❷ 생선은 내장이 있는 배쪽을 피해 어슷하게 2cm 간격으로 칼집을 3회 넣고, 꼬리는 V자로 자른다.
❸ ❷의 생선에 소금을 뿌려 밑간을 하고 물에 생선을 헹구어 물기를 제거한 다음 유장을 바른다.
❹ 석쇠에 식용유를 바르고 달군 후 유장을 바른 생선을 넣어 중불에서 석쇠에 생선이 달라붙지 않게 들춰가며 애벌구이한 다음 고추장 양념을 발라 타지 않게 굽는다.
❺ 생선을 그릇에 놓을 때는 사진과 같이 왼쪽에는 머리가, 오른쪽에 꼬리가 오고 배는 그릇 아래쪽에 오도록 하여 담아서 낸다.

조리 Point

- 그릇에 생선을 놓는 방향에 유의한다.
- 양념만 타고 속은 익지 않을 수도 있으므로 두 번으로 나누어 굽고 구울 때는 달라붙지 않게 석쇠를 들춰가며 굽는다.

45 생선전

추천시간 25분

재료 및 분량

동태 1마리, 밀가루 30g, 달걀 1개, 소금 2작은술, 흰후춧가루 2g, 식용유 3큰술

만드는 법

❶ 동태를 손질하여 3장 뜨기를 한다.
❷ 동태꼬리쪽을 왼쪽으로 놓고 칼을 넣어 조금 떠서 벗겨진 껍질을 왼손으로 잡고, 오른손으로 든 칼을 도마와 수평이 되게 밀면서 껍질을 벗겨낸다.
❸ 꼬리쪽부터 5.5×4.5×0.3cm 크기로 어슷하게 포를 뜬 후 소금, 흰후춧가루를 뿌리고 물기를 제거한다.
❹ ❸에 밀가루를 고루 묻히고 달걀물에 담갔다가 기름을 두른 팬에 노릇하게 지져낸다.
❺ 8장의 생선전을 그릇에 담아낸다.

조리 Point

- 생선은 익었을 때 수축되므로 더 크게 재단을 해야 줄어든 크기를 감안할 수 있다.
- 생선살은 물기를 제거한 후에 밀가루를 묻혀야 지져낸 후에도 밀가루 옷이 잘 벗겨지지 않는다.

46 생선찌개

추천시간 30분

재료 및 분량

동태 1마리, 무 60g, 애호박 30g, 두부 60g, 풋고추 1개, 홍고추 1개, 쑥갓 10g, 마늘 2개, 생강 1/2개, 실파 2뿌리, 고추장 2큰술, 고춧가루 2작은술, 소금 1작은술

만드는 법

❶ 동태는 비늘과 지느러미, 내장을 제거하고 4~5cm 길이로 토막낸다.
❷ 무와 두부는 2.5×3.5×0.8cm 크기로 썰고 풋고추 · 홍고추와 실파, 쑥갓은 4cm 길이로 썬다.
❸ 애호박은 0.5cm 두께의 반달형 또는 은행잎 모양으로 썰고 마늘과 생강은 다진다.
❹ 찬물에 무를 넣고 끓이다가 고추장과 고춧가루를 풀고 소금을 넣어 간을 한다.
❺ 무가 반쯤 익으면 동태와 애호박을 넣고 한소끔 끓이다가 거품을 제거하고 두부, 고추, 마늘, 생강 순으로 넣는다.
❻ 동태맛이 잘 우러나면 쑥갓과 실파를 넣고 불을 끈 후 그릇에 담아낸다.

조리 Point

- 각 재료의 익히는 순서를 고려하여 끓이고 반드시 거품을 제거한다.
- 끓는 물에 넣어서 생선살이 부서지지 않게 조리한다.
- 고추장의 양이 많으면 국물이 텁텁하여 개운한 맛이 없으므로 고춧가루와 소금을 적절히 넣는다.

47 섭산삼

추천시간 20분

재료 및 분량

더덕 100g, 찹쌀가루 1/2컵, 꿀 1큰술, 식용유 3컵, A4 용지 1장

소금물 : 물 1컵, 소금 1작은술
초간장 : 간장 1큰술, 설탕 1큰술, 식초 1큰술

만드는 법

❶ 더덕은 흐르는 물에 껍질을 벗기고 반 갈라 소금물에 담가 쓴맛을 뺀 다음 물기를 제거한다.
❷ 더덕은 방망이로 자근자근 두들겨 끊어지지 않게 펴서 준비한다.
❸ 찹쌀가루는 체에 내려 준비한 후 ❷의 더덕에 골고루 묻힌다.
❹ 튀김온도 160℃의 식용유에 하얗고 바삭하게 튀긴 후 종이 위에 건져 기름을 뺀다.
❺ 튀겨낸 더덕을 그릇에 담고 요구사항에 따라 초간장이나 꿀을 곁들인다.

조리 Point

- 더덕껍질은 흐르는 물에 씻어가면서 벗기면 깨끗하게 벗겨진다.
- 물에 담가두어서 더덕진을 흘려보내야 더 하얗고 바삭하게 튀겨진다.

48 소갈비찜

추천시간 35분

재료 및 분량

소갈비 600g, 밤 3개, 대추 2개, 은행 3개, 당근 30g, 무 100g, 불린 표고버섯 2장, 잣 5개, 달걀 1개, 소금 1작은술, 식용유 1큰술

양념장 : 간장 4큰술, 설탕 2큰술, 배즙 4큰술, 다진파 · 다진마늘 · 깨소금 · 참기름 · 후춧가루 약간 + 물 2컵

만드는 법

❶ 소갈비는 기름기를 제거하고 찬물에 담가 핏물을 뺀 다음 5cm 길이로 토막을 내고 1cm 간격으로 대각선 방향의 칼집을 넣어 끓는 물에 무르게 삶아 낸다.
❷ 무와 당근은 사방 3cm 크기로 썰고 모서리를 다듬어 끓는 물에 데쳐 반 정도 익었을 때 꺼낸다.
❸ 밤은 껍질을 벗겨 찬물에 담궈놓고, 은행은 소금을 넣어 볶아 껍질을 벗겨둔다.
❹ 대추는 가볍게 씻고 돌려깎기한 후 씨를 빼 2~3등분하고, 불린 표고버섯은 은행잎 모양으로 썬다.
❺ 달걀은 황 · 백지단으로 부쳐서 마름모꼴로 썬다.
❻ 냄비에 삶은 갈비를 넣고 양념장을 부어 무, 당근, 불린 표고버섯, 밤, 대추를 넣고 끓인다.
❼ 어느 정도 맛이 들어 국물이 자작해지면 그릇에 담고 은행, 황 · 백지단, 잣을 올려서 낸다.

조리 Point

처음에는 센불에서 끓이다가 뚜껑을 열고 중불에서 끓여야 맛이 은근히 배고 윤기가 난다.

49 소고기 장조림

추천시간 40분

재료 및 분량

소고기(홍두깨살) 200g, 꽈리고추 6개, 통마늘 6개, 메추리알 6개, 소금 2작은술, 꼬챙이 1개, 이쑤시개 약간

향미채소 : 대파 1대, 생강 1개, 마늘 2개, 홍고추 1개, 양파 1/2개
조림장 : 간장 3큰술, 설탕 1 1/2큰술, 국간장 1큰술, 청주 1큰술 + 소고기 육수 3컵

만드는 법

1. 소고기의 홍두깨살을 찬물에 담가 핏물을 뺀 다음 6cm 정도의 크기로 큼직하게 자른다.
2. 냄비에 물이 끓으면 소고기와 향미채소를 같이 넣고 꼬챙이로 찔러보아 핏물이 나오지 않을 정도로 무르게 삶은 후, 소고기는 건져서 결대로 찢어 놓고 육수는 면포에 받쳐 기름을 제거한다.
3. 메추리알은 냄비에 찬물과 소금을 넣어 15분간 삶아서 껍질을 벗긴다.
4. 꽈리고추는 이쑤시개로 구멍을 낸다.
5. 푹 삶은 소고기에 조림장과 소고기 육수를 넣어 센불에서 끓이다가 끓기 시작하면 중불로 줄여 조린다.
6. 국물이 반으로 줄어들면 메추리알, 꽈리고추, 통마늘을 넣어 은근하게 맛이 배도록 약불에서 조린 후 건져서 소고기와 함께 담아 국물을 끼얹어 낸다.

조리 Point

장조림을 만들 때는 소고기를 삶은 다음 조림장을 넣고 조려야 염분이 침투되어 소고기 조직이 딱딱해지고 수축되는 것을 막을 수 있다.

50 수란

추천시간 15분

재료 및 분량

달걀 1개, 실파 1뿌리, 석이버섯 1장, 실고추 1g, 소금 1작은술, 참기름 1작은술

만드는 법

1. 냄비에 국자가 잠길 정도로 충분히 물을 붓고 끓인다.
2. 실파는 푸른 줄기 부분을 1cm 길이로 어슷썰고 실고추는 1cm 크기로 자른다.
3. 석이버섯은 소금으로 주물러 씻은 다음 1.0×0.1cm 크기로 썰어 소금과 참기름으로 양념하여 볶는다.
4. 달걀은 깨뜨려서 작은 그릇에 담아 놓는다.
5. 수란기 안쪽에 참기름을 발라 끓는 물 위에서 데워 길을 들인 후, ❹의 달걀을 노른자가 중앙에 오도록 하여 조심스럽게 수란기에 붓는다.
6. 달걀을 끓는 물 표면에서 서서히 익히다가 흰자가 절반쯤 익으면 불을 낮춰 수란기를 살그머니 넣어 달걀흰자가 노른자를 덮어 싼 상태의 반숙이 되도록 한다.
7. 달걀의 노른자가 터지지 않게 국자의 가장자리를 수저로 돌려 옮겨 담은 후 석이버섯, 실파, 실고추를 고명으로 얹어 낸다.

조리 Point

- 물에 소금과 식초를 넣으면 달걀의 응고를 촉진시킨다.
- 수란기에 참기름을 바르면 익힌 후 국자에서 수란이 분리가 잘된다.
- 물 위에 기름이 뜨지 않게 수란기에 묻힌 참기름은 코팅 후 깨끗이 닦아 내야 달걀흰자와 노른자가 분리되지 않는다.

51 수정과

추천시간 30분

재료 및 분량

통계피 30g, 생강 50g, 물 4컵, 황설탕 4큰술, 곶감 5개, 호두 5개, 꼬챙이 1개, 잣 1작은술

만드는 법

❶ 통계피는 깨끗이 씻어 물 2컵을 넣고 1컵이 될 때까지 은근히 끓인다.
❷ 생강은 깨끗이 씻어서 얇게 저며, 물 2컵을 붓고 1컵이 될 때까지 은근히 끓인다.
❸ ❶, ❷의 물을 각각 1컵씩 붓고 황설탕 4큰술을 넣고 1컵이 될 때까지 끓여 식힌다.
❹ 호두는 미지근한 물에 불려 꼬챙이로 껍질을 벗긴 후 물기를 닦는다.
❺ 곶감은 한쪽에 칼집을 넣어 씨를 빼내고 껍질을 벗긴 호두를 넣고 말아서 꼭꼭 눌러 1cm 정도의 두께로 썰어 담는다.
❻ ❸의 수정과에 ❺의 곶감쌈을 띄워서 잣을 고명으로 하여 그릇에 담아낸다.

조리 Point

- 생강과 계피는 서로 맛을 상쇄하는 작용을 하므로 각각 따로 끓여서 섞어야 맛과 향을 살릴 수 있다.
- 호두의 성분은 지방이고 호두 속껍질의 성분은 섬유소이므로 미지근한 물에 쉽게 불려진다.

52 시금치 된장국

추천시간 20분

재료 및 분량

시금치 200g, 소고기 50g, 쌀뜨물 2컵, 된장 2큰술, 고추장 1큰술, 대파 1/2대, 마늘 1개, 간장 1작은술, 소금 1작은술

소고기 양념 : 간장 1작은술, 다진마늘 · 다진파 · 참기름 · 후춧가루 약간

만드는 법

❶ 쌀을 씻어 첫물은 버리고 쌀뜨물을 만든다.
❷ 시금치는 다듬어 씻고 끓는 소금물에 살짝 데쳐서 찬물에 헹군 다음 4cm 길이로 썬다.
❸ 대파는 일부는 채를 썰고 일부는 다져 준비하고, 마늘은 다진다.
❹ 소고기는 얇게 저며 썰어 양념한다.
❺ 냄비에 ❹를 넣어 볶다가 쌀뜨물을 붓고, 된장과 고추장을 체에 받쳐서 푼 다음 중불에 끓인다.
❻ 국물이 끓어서 맛이 우러나면 시금치, 대파, 다진 마늘을 넣고 끓인다.
❼ 간이 싱거우면 간장이나 소금으로 간을 맞춘다.

조리 Point

시금치는 처음부터 넣고 끓이면 색이 변하므로 국물이 끓을 때 넣는다.

53 달걀찜

추천시간 25분

재료 및 분량

달걀 1개, 새우젓 10g, 실파 1뿌리, 석이버섯 5g(잎이 넓은 것 1장), 실고추 1g, 참기름 1작은술, 소금 1작은술

만드는 법

❶ 달걀을 거품이 나지 않게 풀어 분량의 물(달걀의 약 1.5배)과 잘 섞어 체에 거른다.
❷ 새우젓은 다져서 국물만 준비하고 달걀물에 섞어 간을 맞춘다.
❸ 달걀물 위에 뜬 거품을 제거하고 찜그릇에 붓고 숟가락을 냄비에 꽂아서 뚜껑을 비스듬히 닫아 약 15분간 찐다.
❹ 실고추는 1cm 길이로 썰고, 실파는 1cm 길이로 채썬다.
❺ 석이버섯은 채썰어 소금과 참기름을 넣어 볶는다.
❻ 완성된 달걀찜에 가지런히 고명을 얹는다.

조리 Point

- 달걀 : 물 = 1 : 1.5
  → 달걀은 반으로 갈라서 알끈을 제거하고, 물을 섞고 젓가락으로 잘 저은 뒤 체에 내린다.
- 뚜껑을 사용하면 효율적으로 찜요리를 할 수 있고, 랩 · 호일 등을 씌워 찜을 할 수도 있다.

54 애탕국

추천시간 25분

재료 및 분량

쑥 60g, 소고기 60g, 밀가루 2큰술, 달걀 2개, 실파 20g, 국간장 2작은술, 소금 2작은술

양지머리 육수 : 양지머리 50g, 대파 1/2대, 마늘 1개 + 물 5컵
소고기 양념 : 소금 · 다진파 · 다진마늘 · 참기름 · 깨소금 · 후춧가루 약간

만드는 법

1. 쑥은 깨끗이 씻어서 손질 후 살짝 데쳐 찬물에 헹궈 물기를 제거하고 곱게 다진다.
2. 소고기는 곱게 다져 양념한 다음 쑥과 소고기를 1 : 1로 섞어 2cm 크기의 완자를 빚는다.
3. 실파는 손질하여 3cm 길이로 썰고, 달걀은 황 · 백지단을 부쳐 마름모꼴로 썬다.
4. ❷의 완자는 밀가루를 묻혀서 체 속에 넣어 흔들면서 밀가루를 털어준 후 달걀 노른자를 입혀 놓는다.
5. 양지머리 육수에 국간장과 소금으로 간을 한 뒤 끓여 ❹의 완자를 하나씩 넣고 동동 뜰 때까지 익힌 후 ❸의 실파를 넣는다.
6. 그릇에 먼저 완자와 실파를 예쁘게 담고, 육수를 면포로 거른 후 맑은 국물을 담아 내고 황 · 백지단을 올린다.

조리 Point

완자에 밀가루가 많이 묻으면 익었을 때 주름이 많이 지고 겉모양이 들뜨므로 체 속에서 털어준 후 노른자를 묻혀 익힌다.

55 애호박눈썹나물

추천시간 20분

재료 및 분량

애호박 1/2개, 홍고추 1개, 소고기 30g, 다진파 1작은술, 다진마늘 1/2작은술, 깨소금 1작은술, 참기름 1큰술, 식용유 1큰술, 소금 1큰술

소고기 양념 : 간장 · 설탕 · 다진파 · 다진마늘 · 참기름 · 깨소금 · 후춧가루 약간

만드는 법

❶ 애호박은 반 갈라서 씨를 둥글게 파내고 0.3cm 두께의 눈썹모양으로 썰어 소금물에 살짝 절여 물기를 제거한다.
❷ 홍고추는 반으로 갈라서 씨를 제거한 다음 3cm 길이로 가늘게 채썬다.
❸ 소고기는 4×0.3×0.3cm 크기로 채썰어 양념한다.
❹ 팬에 식용유를 두르고 소고기를 볶다가 다 익으면 절인 애호박, 다진파, 다진마늘, 홍고추를 넣고 볶는다.
❺ ❹에 깨소금, 참기름을 버무려 접시에 담아 낸다.

조리 Point

절인 호박을 너무 오랫동안 볶으면 색깔이 누렇게 변하므로 절반쯤 익으면 불을 끈다. 나머지 절반은 잔열에 의해서 익혀지므로 타거나 누렇게 되지 않도록 유의한다.

56 양동구리

추천시간 20분

재료 및 분량

소양 300g, 달걀 1개, 소금 1큰술, 녹두녹말가루 3큰술, 식용유 2큰술

소양 양념 : 참기름 · 소금 · 다진파 · 다진마늘 · 흰후춧가루 약간
초간장 : 간장 1큰술, 설탕 1/2큰술, 식초 1/2큰술, 생강즙 1/8작은술, 잣가루 약간

만드는 법

❶ 소양은 소금으로 문질러 씻어서 안쪽에 붙어있는 기름덩어리와 막을 벗겨 낸다.
❷ 끓는 물에 소양을 살짝 넣었다가 건져내서 검은 막을 긁어내고 곱게 다진다.
❸ ❷의 다진 소양에 양념을 한 후 녹두녹말가루와 달걀을 넣어 반죽한다.
❹ 열이 오른 팬에 식용유를 두르고 ❸의 반죽한 소양을 한숟가락씩 지름 4cm 크기로 동그랗게 부친다.
❺ 초간장을 곁들여 낸다.

조리 Point

- 양동구리란 익히지 않은 소양을 곱게 다진 뒤 녹두녹말가루와 달걀을 섞어서 지진 전을 말한다.
- 검은 막을 깨끗이 벗겨내야 지졌을 때 색깔이 곱다.

57 양파전

추천시간 20분

재료 및 분량

양파 2개, 소고기 60g, 두부 20g, 달걀 1개, 밀가루 3큰술, 식용유 2큰술, 소금 1작은술

소고기 · 두부 양념 : 소금 · 다진파 · 다진마늘 · 참기름 · 깨소금 · 후춧가루 약간

초간장 : 간장 1큰술, 식초 1/2큰술, 설탕 1/2큰술

만드는 법

❶ 양파는 일정하게 0.5cm 두께로 썰어 속을 떼내고 둥근 구멍을 내어 모양을 만든 다음 소금을 뿌려 살짝 절여 물기를 제거한다.

❷ 소고기는 곱게 다지고, 두부도 다져서 물기를 제거한 후 같이 섞어서 소고기 · 두부 양념을 한다.

❸ 구멍을 낸 양파의 안쪽부분에 밀가루를 묻히고 ❷의 소를 채워넣는다.

❹ ❸에 밀가루, 달걀물을 입혀 팬에 지져낸다.

❺ 초간장을 곁들인다.

조리 Point

- 소에 들어가는 고기는 곱게 다진다.
- 소를 너무 많이 채우지 않도록 한다.
- 소가 타지 않게 노릇노릇하게 지져낸다.

58 어만두

추천시간 45분

재료 및 분량

흰살생선 300g, 소고기(우둔살) 50g, 표고버섯 2장, 숙주 100g, 목이버섯 3장, 오이 1/2개, 생강즙 1큰술, 소금 1큰술, 흰후춧가루 1/5작은술, 참기름 1작은술, 녹말가루 2큰술

소고기 · 목이버섯 · 표고버섯 양념 : 간장 1작은술, 설탕 1/2작은술, 다진파 · 다진마늘 · 깨소금 · 참기름 · 흰후춧가루 약간
만두소 양념 : 소금 · 다진파 · 다진마늘 · 참기름 · 깨소금 약간
초간장 : 간장 1큰술, 식초 1큰술, 설탕 1/2큰술

만드는 법

❶ 생선살은 8×5×0.4cm 정도로 포를 떠서 소금, 흰후춧가루, 생강즙을 넣어 간한다.
❷ 숙주는 머리와 꼬리를 떼고 끓는 소금물에 데친 후 송송 썰어 물기를 짠 뒤 소금과 참기름으로 간을 하고, 오이는 돌려깎기하여 채를 썰고 소금과 참기름으로 간을 한 후 팬에서 볶아내어 식힌다.
❸ 소고기는 곱게 다져서 양념한 후 팬에서 볶고, 표고버섯과 목이버섯은 채를 썰어 양념을 한 다음 볶아서 식힌다.
❹ 숙주, 오이, 소고기, 표고버섯, 목이버섯의 재료를 섞어 만두소 양념을 한다.
❺ 생선살 위에 녹말가루를 묻힌 후 ❹의 재료로 만든 소를 넣고 둥글게 말아 싼다.
❻ ❺를 젖은 면포를 깐 찜통에 넣어 생선이 투명해지도록 10분간 찐다.
❼ 어만두를 접시에 5개 이상 담고 초간장을 곁들인다.

조리 Point

생선살에 녹말가루가 흡수되도록 두었다가 소를 넣고 찌는 것이 생선살이 덜 부스러진다.

59 어선

추천시간 50분

재료 및 분량

동태 1마리, 달걀 1개, 당근 50g, 불린 표고버섯 2개, 오이 1/3개, 생강즙 1작은술, 소금 1큰술, 녹말가루 약간, 참기름 1작은술, 식용유 1큰술, 흰후춧가루 1/5작은술

표고버섯 양념 : 간장 · 설탕 · 참기름 약간

만드는 법

❶ 동태는 비늘, 머리, 내장, 지느러미를 제거하고 3장 뜨기를 하여 껍질을 벗긴 후 최대한 얇고 넓게 포(15×10cm)를 떠 소금과 흰 후춧가루, 생강즙으로 밑간한다.

❷ 오이는 돌려깎은 뒤 채썰고 당근도 채를 썰어 소금과 참기름으로 각각 밑간을 하고, 불린 표고버섯도 포를 떠 채썰고 밑간한다.

❸ 달걀은 황 · 백으로 지단을 부치고, 오이 → 당근 → 표고버섯 순으로 살짝 볶아내어 식힌다.

❹ 도마 위에 김발 → 젖은 면포 → 생선살 순으로 놓고 생선살은 약간 겹쳐서 녹말가루를 뿌린 후, ❸의 볶은 재료를 가운데에 얹어서 지름 3cm 정도로 둥글게 말아 김이 오른 찜통에 15분 정도 찐다.

❺ 김발을 풀고 식힌 후 2cm 두께로 6개를 잘라 그릇에 담아 제출한다.

조리 Point

- 생선살이 터지지 않도록 하고 썰 때 칼날을 달구어 썰면 매끄럽게 잘 썰어진다.
- 생선살 속의 내용물은 서로 섞이지 않게 구분지어서 놓고 양 또한 균일하게 넣어야 잘랐을 때 색감이 예쁘다.
- 생선살의 중간 정도에 내용물을 놓고 말아야 내용물이 중앙에 온다.

60 어알탕

추천시간 20분

재료 및 분량

흰살생선 1/2마리, 달걀 1개, 소고기 80g, 녹말가루 3큰술, 실파 2뿌리, 잣 1큰술, 국간장 1큰술, 소금 1큰술

장국용 소고기 양념 : 간장 · 다진파 · 다진마늘 · 참기름 · 깨소금, 후춧가루 약간

생선완자 양념 : 소금 · 다진파 · 다진마늘 · 참기름 · 생강즙 · 흰후춧가루 약간

만드는 법

❶ 핏물을 제거한 장국용 소고기는 납작하게 썰어서 장국용 소고기 양념을 한 후 물을 부어 맑은 장국을 끓인 뒤 면포에 걸러 국간장으로 간을 맞춘다.
❷ 생선은 살만 발라 곱게 다지고 생선완자 양념을 하여 녹말가루를 넣어 섞은 다음 끈기가 나도록 치댄다.
❸ ❷에 잣을 두개 넣어 직경 1.5cm 크기의 완자를 빚는다.
❹ ❸의 완자에 녹말을 묻혀 끓는 물에 넣고 삶아서 익히고, 냉수에 담갔다가 건진 다음 다시 녹말가루를 묻히기를 세번 정도 반복하여 찜통에 젖은 행주를 깔고 10분 정도 찐다.
❺ 달걀은 황 · 백지단을 부쳐 마름모 모양으로 썰고, 실파는 3cm 길이로 썬다.
❻ ❶의 육수를 다시 끓여 ❹의 쪄낸 완자를 넣고, 다시 잠시 끓여 실파를 넣는다.
❼ 어알탕과 ❶의 편육을 담고 황 · 백지단을 띄운다.

조리 Point

지급재료로 쑥갓이 나오면 어알과 같이 넣어 끓여서 대접에 담아낸다.

61 어채

추천시간 25분

재료 및 분량

흰살 생선 200g, 홍고추 1개, 오이 1/2개, 표고버섯 2장, 석이버섯 2장, 달걀 1개, 녹말가루 1/3컵

생선 밑간 : 생강즙 1작은술, 청주 1큰술, 소금 1/2작은술, 흰후춧가루 1/8작은술

초고추장 : 고추장 2큰술, 간장 1/2큰술, 식초 1/2큰술, 설탕 1/2큰술, 마늘즙 1작은술, 생강즙 1/2작은술 + 잣가루 1작은술

만드는 법

❶ 흰살 생선은 손질하여 6×2.5×0.7cm 크기로 포를 떠서 생선 밑간을 한다.

❷ 홍고추, 오이, 표고버섯은 손질하여 4×2cm 크기로 썰고, 석이버섯은 뒷면의 이끼를 제거하고 4×2cm 크기로 썬다.

❸ ❶, ❷의 재료에 녹말가루를 묻혀 수분이 흡수될 때까지 두고 달걀은 황·백지단으로 나누어 도톰하게 부쳐서 4×2cm 크기로 썬다.

❹ 끓는 물에 ❸의 홍고추, 오이, 표고버섯, 석이버섯을 먼저 데친 다음 찬물에 헹구어 내고 ❸의 생선도 마찬가지로 데쳐 찬물에 헹구어 낸다.

❺ 접시에 채소와 어채를 색을 맞춰 돌려 담는다.

❻ 초고추장을 만들어 잣가루를 뿌려서 곁들인다.

조리 Point

- 전분을 묻힌 후 수분을 충분히 흡수한 후에 데쳐야 전분 옷이 벗겨지지 않는다.
- 석이버섯은 따뜻한 물에 불려 소금에 비벼 씻으면 이끼를 제거할 수 있다.
- 생선은 2회, 채소는 2~3회 정도 반복해서 헹군다.

62 연근조림

추천시간 30분

재료 및 분량

연근 300g, 물엿 1큰술, 식초 1큰술, 참기름 1큰술, 깨소금 1작은술

조림장 : 간장 3큰술, 설탕 2큰술, 양파 20g, 마늘 2개, 대파 1/2대, 생강 1/2개, 홍고추 1개, 통후추 3개+물 1컵

만드는 법

❶ 연근은 껍질을 벗긴 후 0.3cm 두께로 썰어 식초물에 10여분 담가둔다.
❷ ❶의 연근을 건져내어 씻고 찬물에서부터 삶는다.
❸ 마늘과 생강은 편썰고 양파는 4등분하여, 대파, 홍고추, 통후추와 간장, 설탕, 물을 넣어 조림장을 만든다.
❹ ❸의 조림장에 ❷의 연근을 넣고 센불에서 조리다가 끓기 시작하면 뚜껑을 열고 서서히 불을 줄여가며 조린다.
❺ ❹의 국물이 어느 정도 줄어들면 조림장의 부재료는 건져내고 물엿을 넣어 잠시 더 조린 다음 참기름과 깨소금을 넣어 담아 낸다.

조리 Point

뿌리채소류인 무, 연근 등은 찬물에서부터 삶아야 부드럽다.

63 오이미역냉국

추천시간 20분

재료 및 분량

오이 100g, 불린 미역 20g, 실파 10g, 홍고추 1개, 깨소금 1작은술, 소금 1큰술

다시마육수 : 건다시마 10g, 물 3컵
오이 · 미역 초벌간 : 국간장 1작은술, 설탕 1/2작은술
촛국물 : 다시마육수 2컵, 식초 1큰술, 설탕 1큰술, 소금 1/3작은술, 국간장 1/2큰술

만드는 법

❶ 건다시마를 넣고 끓여서 다시마육수를 만든 뒤 식혀 둔다.
❷ 오이는 표면을 소금으로 비벼 씻어내고 칼등으로 돌기 부분은 제거한 후 0.3cm 두께로 어슷하게 편썰고 다시 0.3cm 크기로 채썬다.
❸ 불린 미역은 소금으로 주물러가며 씻어 4cm 크기로 썬다.
❹ 실파는 0.2cm 크기로 송송 썰고, 홍고추는 0.2cm 크기로 통썬다.
❺ 오이와 불린 미역에 초벌간을 한다.
❻ 다시마육수에 촛국물을 하여 간을 맞춘다.
❼ ❻의 육수에 ❺의 미역과 오이를 넣고 깨소금, 실파, 홍고추를 넣어 담아낸다.

조리 Point

촛국물은 식초가 빨리 날아가 먹기 직전에 담아서 낸다.

64 오이생채

추천시간 15분

재료 및 분량

오이 150g, 소금 1큰술

생채 양념 : 고춧가루 1큰술, 설탕 1/2큰술, 식초 1/2큰술, 다진파 · 다진마늘 · 깨소금 약간

만드는 법

❶ 오이는 소금으로 문질러 씻는다.
❷ 칼등으로 오이 돌기 부분을 제거한다.
❸ ❷의 오이는 0.3cm 정도의 두께로 통썰기 하여 소금을 살짝 뿌려 둔다.
❹ 생채 양념을 만든다.
❺ ❸의 오이를 찬물에 씻은 후 멍이 들지 않게 물기를 제거한다.
❻ ❺에 ❹의 양념을 넣어 버무린다.

조리 Point

- 생채는 새콤달콤한 맛이 동시에 나야 하며 물이 생기지 않도록 제출 직전에 무쳐서 내야 한다.
- 오이를 절인 후 너무 비틀어 짜면 모양이 쭈그러지고 멍이 들므로 주의한다.

65 오이선

추천시간 25분

재료 및 분량

오이 1/2개, 소고기 20g, 소금 2큰술, 불린 표고버섯 1개, 달걀 1개, 식용유 1작은술

소고기 · 표고버섯 양념 : 간장 1큰술, 설탕 1/2큰술, 다진파 · 다진마늘 · 참기름 · 깨소금 · 후춧가루 약간

단촛물 : 식초 1큰술, 설탕 1큰술, 물 1큰술, 소금 1/3작은술

만드는 법

1. 오이는 소금으로 문질러 씻어서 반으로 가른 뒤 푸른 부분의 길이가 4cm가 되도록 어슷썰고 칼집을 세 번 넣은 후 소금물에 절인다.
2. 불린 표고버섯, 소고기는 곱게 채썰어 양념을 한다.
3. 달걀은 황 · 백지단을 부친 후 3cm로 채를 썬다.
4. 절여진 오이는 물에 씻어 물기를 제거하고 팬에 기름을 두르고 새파랗게 살짝 볶아낸 다음 표고버섯, 소고기를 볶는다.
5. 단촛물을 만들어 설탕과 소금이 녹을 정도로만 살짝 끓여 식힌다.
6. ❹의 오이 칼집 속에 황지단 → 표고버섯 + 소고기 → 백지단 순으로 끼워 넣는다.
7. ❻의 오이를 그릇에 담고 제출 직전에 ❺의 단촛물을 끼얹어 낸다.

조리 Point

- 칼집을 낸 사이에 소금을 넣어서 절이면 더 빨리 절여진다.
- 오이에 칼집을 넣을 때 젓가락을 양옆에 대고 썰면 칼집 넣은 부분이 잘리지 않게 자를 수 있다.
- 제출 직전에 촛물을 오이에 끼얹어서 내면 색깔이 누렇게 변하지 않고 식초향 또한 달아나지 않아서 새콤달콤한 맛을 느낄 수 있다.

66 오이소박이

추천시간 20분

재료 및 분량

오이 1개, 부추 20g, 소금 2큰술

소 양념 : 고춧가루 1큰술, 다진파 · 다진마늘 · 다진생강 · 소금 약간

만드는 법

❶ 오이는 소금으로 문질러 씻어서 통째로 6cm로 썬다.
❷ ❶의 오이의 양끝 1cm를 남기고 열십자(+)로 칼집을 넣어 고농도의 미지근한 소금물에 절인다.
❸ 부추는 깨끗이 씻은 뒤 0.5cm 길이로 썰고 대파, 마늘, 생강을 곱게 다지고 고춧가루, 소금을 넣고 버무려 소를 만든다.
❹ ❷의 절여진 오이를 물에 씻은 뒤 물기를 제거하고 소를 오이 칼집에 끼워 넣고 양념이 고루 묻도록 버무린다.
❺ 남은 소 양념에 물을 2큰술 정도 넣고 김칫국을 만들어 ❹에 끼얹는다.
❻ 오이소박이는 6cm 길이로 3개를 제출한다.

조리 Point

- 오이가 잘 절여져야 소를 넣을 때 잘 벌어져서 오이가 부서지지 않는다.
- 오이를 잘랐을 때 단면이 +모양이 되어야 하며 양념이 고루 들어가 있어야 한다.

67 오이숙장아찌

추천시간 25분

재료 및 분량

오이 1/2개, 불린 표고버섯 1개, 소고기 30g, 실고추 1g, 깨소금 1작은술, 소금 2큰술, 참기름 1큰술, 식용유 1작은술

소고기 · 표고버섯 양념 : 간장 1큰술, 설탕 1작은술, 다진파 · 다진마늘 · 참기름 · 깨소금 · 후춧가루 약간

만드는 법

❶ 오이는 소금으로 문질러 씻어서 푸른 부분 위주로 0.5×0.5×5cm 크기로 썰어 소금을 뿌려 절인다.
❷ 소고기와 불린 표고버섯은 0.3×0.3×4cm 크기로 채썬 다음 양념한다.
❸ 기름을 두른 팬에 오이 → 표고버섯 → 소고기 순으로 각각 볶아내어 식힌다.
❹ ❸에 참기름, 깨소금, 실고추를 넣고 버무려낸다.
❺ 완성된 오이숙장아찌는 50g 이상 제출한다.

조리 Point

- 오이, 불린 표고버섯, 소고기는 각각 따로 볶아내서 식힌다.
- 오이는 달군 팬에서 살짝 볶아야 색깔이 파랗고 맛의 질감이 아삭아삭하다.

68 오징어구이

추천시간 20분

재료 및 분량

물오징어 1마리, 소금 1큰술

고추장 양념 : 고추장 2큰술, 간장 1큰술, 고춧가루 1작은술, 설탕 1큰술, 물엿 1큰술, 다진파 · 다진마늘 · 다진생강 · 깨소금 · 참기름 · 후춧가루 약간

만드는 법

❶ 물오징어는 반으로 갈라서 내장을 제거하고 소금을 손에 묻혀 껍질을 벗긴 후 깨끗이 씻는다.
❷ 껍질 안쪽에 0.2cm 간격으로 대각선 칼집을 넣어 4×2cm 크기로 자른다.
❸ 고추장 양념을 만든다.
❹ ❷의 오징어에 고추장 양념을 발라서 재워둔다.
❺ 달군 석쇠에 양념하여 재워둔 오징어를 굽는다.

조리 Point

- 물오징어는 껍질 안쪽(내장쪽)에 칼집을 넣어야 하며, 껍질을 벗긴 뒤 앞 뒤 구분이 가지 않을 때는 껍질 안쪽(내장쪽)에 다이아몬드 모양처럼 생긴 문양이 있는 배꼽쪽에 칼집을 넣는다.
- 칼집을 넣을 때는 칼을 눕혀서 깊게 넣어야 모양이 또렷하게 잘 나온다.

69 오징어볶음

추천시간 30분

재료 및 분량

물오징어 1마리, 풋고추 1개, 홍고추 1개, 양파 5g, 대파 1대, 소금 1작은술, 참기름 2작은술

양념장 : 고추장 3큰술, 설탕 1큰술, 고춧가루 2작은술, 간장 1작은술, 다진파 · 다진마늘 · 다진생강 · 깨소금 · 참기름 · 후춧가루 약간

만드는 법

1. 물오징어는 껍질과 내장을 제거한 후 내장쪽에 가로 · 세로 0.3cm 간격으로 대각선 칼집을 넣고 5×2cm 크기로 썬다. 물오징어 다리의 경우는 4cm 길이로 썬다.
2. 준비된 물오징어는 소금을 넣은 끓는 물에 데쳐낸다.
3. 양파는 겹겹이 떼어내어 길이 4cm, 폭 1cm로 채썰고, 대파는 4cm 길이로 어슷썰기 한다.
4. 풋고추, 홍고추는 0.5cm 폭으로 길이 4cm 정도로 어슷썰어 흐르는 물에 씻어 고추씨를 제거한다.
5. 양념장을 만든다.
6. 식용유를 두르고 양파 → 물오징어 → 양념장 순으로 넣어 볶다가 홍고추, 풋고추, 대파, 참기름을 넣고 볶아서 그릇에 담아낸다.

조리 Point

채소는 너무 숨이 죽지 않게 오랫동안 볶지 않고, 기름을 많이 넣으면 양념장과 분리되므로 주의한다.

70 옥수수전

추천시간 20분

재료 및 분량

옥수수(캔) 200g, 밀가루 4큰술, 완두콩(캔) 30g, 소금 1작은술, 식용유 1큰술

만드는 법

❶ 옥수수와 완두콩은 깨끗이 씻어 물기를 제거하고 다진다.
❷ 다진 ❶에 밀가루를 넣고 물을 약간 부어 준비된 옥수수와 완두콩이 서로 엉기도록 걸쭉하게 반죽을 하고 소금으로 간을 한다.
❸ 기름을 두른 팬에 ❷를 지름 5cm 크기로 떠놓아가며 동그랗게 지져낸다.

조리 Point

- 전은 타지 않고 노릇노릇하게 지져 낸다.
- 생완두콩이 나오면 끓는 소금물에 살짝 데쳐내어 사용하도록 한다.

71 완자탕

추천시간 30분

재료 및 분량

소고기(살코기) 50g, 소고기(사태) 20g, 두부 15g, 달걀 1개, 밀가루 2작은술, 대파 1/2대, 마늘 2개, 국간장 1작은술, 소금 2작은술, 식용유 1작은술

소고기 · 두부 양념 : 소금 1/2작은술, 설탕 1작은술, 다진파 · 다진마늘 · 참기름 · 깨소금 · 후춧가루 약간

만드는 법

❶ 소고기(사태)는 찬물에 담가 핏물 제거 후 대파, 마늘을 넣고 육수를 끓여 면포에 거르고 국간장, 소금으로 간을 한다.
❷ 소고기(살코기)는 핏물 제거 후 곱게 다지고 두부는 으깨어 면포에 싸서 물기를 제거한다.
❸ ❷를 섞어서 양념을 하여 끈기가 생기도록 치댄다(두부 : 소고기 = 1 : 3).
❹ 황 · 백지단은 마름모꼴로 썬다.
❺ ❸의 반죽은 직경 3cm 크기의 완자를 만들어 밀가루, 달걀물(흰자)를 묻혀 팬에 굴려가며 익힌다.
❻ ❶의 육수를 끓이다가 ❺를 넣고 끓여 완자가 뜨면 그릇에 담고 황 · 백지단(마름모꼴)을 각각 2개씩 띄우고 육수 1컵을 부어 담아 낸다.

조리 Point

- 팬에서 완자를 거의 익혀야만 육수에 완자를 넣어 끓였을 때 국물색이 맑다.
- 고기는 육수용, 다짐용으로 구분하고 지단은 고명용과 완자용을 분리해서 사용한다.
- 팬에서 굴려 완자를 익힐 때 팬을 자주 닦아주면서 익힌다.

72 월과채

추천시간 30분

재료 및 분량

소고기 50g, 느타리버섯 30g, 애호박 50g, 찹쌀가루 150g, 표고버섯 2장, 달걀 1개, 밀가루 20g, 식용유 1큰술, 대파 1/2대, 마늘 2개, 참기름 1큰술, 깨소금 1작은술, 잣 5개, 소금 약간

소고기 · 표고버섯 · 느타리버섯 양념 : 간장 1큰술, 설탕 1/2큰술, 다진파 · 다진마늘 · 참기름 · 깨소금 · 후춧가루 약간

만드는 법

❶ 애호박은 길게 반으로 자르고 씨를 빼서 눈썹모양처럼 만든 뒤 크기가 고르게 썬다.
❷ ❶의 애호박은 소금에 살짝 절여 물기를 뺀 다음 다진파, 다진마늘을 조금 넣고 참기름으로 간한다.
❸ 소고기는 다지고 표고버섯은 불려 채를 썰고, 느타리버섯은 소금을 넣어 데친 후 손으로 결대로 찢어 각각의 양념을 한다.
❹ 달걀은 황, 백 지단을 부쳐 0.3×0.3×5cm 정도의 크기로 채썬다.
❺ 찹쌀가루에 밀가루를 넣은 뒤 소금물을 넣어 약간 걸쭉하게 반죽한 후 전병을 만들어 부친 뒤 지단과 같은 크기로 썬다.
❻ ❷, ❸을 각각 볶은 후 식힌다.
❼ ❻에 ❹, ❺를 넣고 고루 섞어 참기름과 깨소금을 넣고 골고루 무친다.
❽ 접시에 담고 잣가루를 뿌려서 담아낸다.

조리 Point

- 홍고추가 지급이 되면 0.3×0.3×5cm 정도의 크기로 채썰어 볶은 후 넣는다.
- 찰전병은 밀가루를 약간 넣어서 지져주면 덜 찢어진다.

73 육회

추천시간 20分

재료 및 분량

소고기 90g, 배 1/4개, 잣 5개, 마늘 3쪽, 설탕 2큰술

소고기 양념 : 소금 1작은술, 설탕 1/2작은술, 다진파 · 깨소금 · 참기름 · 후춧가루 약간

만드는 법

❶ 소고기는 핏물을 제거한 후 결 반대 방향으로 0.3cm 크기로 곱게 채썰고 양념을 한다.
❷ 마늘의 일부는 편으로 썰고, 나머지는 곱게 다진다.
❸ 배는 껍질을 벗기고 0.3×0.3×4cm 정도 크기로 썰어 설탕물에 담근다.
❹ 썰어둔 배를 먼저 깔고 마늘을 돌려 담은 뒤 ❶의 소고기를 가운데 올린다.
❺ 제출 시 잣을 곱게 다져서 고명으로 얹는다.

조리 Point

- 소고기의 핏물이 흘러나와 배에 묻지 않도록 한다.
- 접시에 배를 놓을 때는 동서남북 방향으로 놓아 자리를 잡은 다음 중간중간을 넣어가면서 채운다.
- 잣은 준비한 A4용지를 반으로 접어 잣을 넣고 밀대로 밀어서 칼날로 다진 다음 사용하면 더 쉽게 다질 수 있다.

74 율란 · 조란

추천시간 20분

율란

재료 및 분량

밤 5개, 꿀 1큰술, 계핏가루 1작은술, 소금 약간, 잣 2큰술

만드는 법

❶ 냄비에 소금물을 붓고 밤을 넣어 삶고 익으면 밤을 파내어 체에 내린다.

❷ ❶에 꿀과 계핏가루와 소금을 약간 넣어서 고루 섞어 덩어리로 꼭꼭 뭉친다.

❸ ❷의 반죽을 삼각형 모양으로 만들고 모나지 않게 둥글게 하여 밤 모양으로 빚은 다음 꿀을 바른 후 잣가루를 묻혀 담아낸다.

조란

재료 및 분량

대추 8개, 꿀 1큰술, 계핏가루 약간, 잣 1큰술

만드는 법

❶ 대추는 씨를 발라내고 찜통에 살짝 찐 다음 곱게 다져 계핏가루, 꿀을 넣고 팬에서 약불로 졸여 덩어리지게 뭉친다.

❷ 반죽을 조금씩 떼어 대추모양으로 빚고, 꼭지 부분에 잣을 끼워 반쯤 나오게 한 후 잣을 박은 부분이 위로 오게 한다.

조리 Point

율란 · 조란의 반죽은 꿀로 농도를 조절하되 눌러 보았을 때 말랑할 정도로 질게 농도를 만들어야 시간이 지나도 갈라지지 않는다.

75 잡채

추천시간 35분

재료 및 분량

당면 20g, 소고기 30g, 불린 표고버섯 1개, 불린 목이버섯 2개, 양파 50g, 오이 1/3개, 당근 50g, 통도라지 1개, 숙주 20g, 달걀 1개, 소금 1큰술, 참기름 1작은술, 식용유 3큰술

당면 유장 양념 : 간장 1큰술, 설탕 1/2큰술, 참기름 1큰술
소고기 · 표고버섯 · 목이버섯 양념 : 간장 1작은술, 설탕 1/2큰술, 다진파 · 다진마늘 · 참기름 · 깨소금 · 후춧가루 약간

만드는 법

❶ 숙주는 머리와 꼬리를 떼어내고 끓는 소금물에 데친 다음 소금과 참기름으로 간을 한다.
❷ 당면은 잘라서 찬물에 불린 다음 소금과 식용유를 넣고 삶아낸 후 당면 유장 양념을 2/3 넣는다.
❸ 도라지는 0.3×0.3×6cm 크기로 채썰어 소금물에 담가 쓴맛을 제거하고, 오이, 당근, 양파도 같은 크기로 썰어 소금과 참기름으로 간을 한다.
❹ 불린 표고버섯, 소고기는 채썰고, 불린 목이버섯은 엄지손톱 크기로 찢어 양념한다.
❺ 팬에 황 · 백지단을 지져내고 양파 → 도라지 → 오이 → 당근 → 목이버섯 → 표고버섯 → 소고기 순으로 볶는다.
❻ 팬에 당면을 볶으면서 남은 1/3의 당면 유장 양념을 넣고 모든 재료를 넣어 볶은 다음 그릇에 담아 낸다.
❼ 황 · 백지단은 0.2×0.2×4cm 크기로 썰어 고명으로 얹어 낸다.

조리 Point

주 재료인 당면은 찬물에 불려두면 삶는 시간을 단축시킬 수 있다.

76 장국죽

추천시간 30분

재료 및 분량

불린 쌀 100g, 소고기 20g, 불린 표고버섯 1개, 참기름 2작은술, 간장 1큰술

소고기 · 표고버섯 양념 : 간장 1작은술, 다진파 · 다진마늘 · 참기름 · 후춧가루 약간

만드는 법

❶ 불린 쌀은 쌀알이 반으로 쪼개지도록 부순다.
❷ 불린 표고버섯은 3cm 길이로 채썰어 밑간하고 소고기는 다진 후 양념한다.
❸ 불린 쌀 분량의 6배의 물을 준비한다.
❹ 냄비에 참기름을 두르고 ❷의 재료를 볶다가 ❶의 쌀을 넣고 물(❸의 1/6)을 약간씩 넣어가면서 주걱으로 저어 쌀이 투명해질 때까지 젓는다.
❺ 어느 정도 저으면 나머지 물(❸의 5/6)을 마저 부어 강불 → 중불 → 약불로 줄여 은근히 끓인다.
❻ 쌀알이 충분히 퍼지면 간장으로 색과 간을 맞추어 그릇에 담고, 표고버섯을 검은색 위주로 죽 위에 놓아 모양있게 담아 낸다.

조리 Point

- 죽에는 설탕과 깨소금을 넣지 않도록 한다.
- 죽을 끓일 때는 가장 먼저 쌀 양을 재어 쌀 양의 6배의 물을 준비해서 끓인다.
- 제출 시 죽이 되직해지면 약간의 물을 넣고 다시 한번 끓여서 농도를 맞추어 낸다.

77 장김치

추천시간 15분

재료 및 분량

무 50g, 배추 80g, 미나리 10g, 쪽파 10g, 불린 표고버섯 1개, 불린 석이버섯 1장, 대추 1개, 생강 1개, 마늘 2개, 배 1/8개, 실고추 1g, 밤 1개, 잣 5개, 간장 5큰술, 물 2컵, 설탕 1큰술, 소금 1큰술

만드는 법

❶ 배는 2.5×2.5×0.2cm 크기로 썰고 밤은 편 썰어 설탕물에 담궈 놓는다.
❷ 무, 배추는 2.5×2.5×0.2cm 크기로 썰어서 간장에 절인다.
❸ 불린 표고버섯 · 석이버섯은 채썰고, 대추는 돌려깎기하여 씨를 빼고 채썬다.
❹ 실고추, 미나리, 쪽파는 2.5cm 정도로 썰고 생강, 마늘도 채썬다.
❺ 배추와 무가 절여지면 간장물을 따라내고 물 2컵을 붓고 무, 배추를 절였던 간장물 3큰술을 넣고 소금과 설탕으로 간을 한다.
❻ ❺에 모든 재료를 넣어 버무린 후 잣, 실고추, 석이버섯, 대추채를 올려 낸다.

조리 Point

- 장김치의 국물색은 어느 정도 간장색을 띠어야 한다.
- 무가 배추보다 쉽게 절여지므로, 배추가 절여진 뒤 무를 넣는 것이 좋다.

78 장떡

추천시간 15분

재료 및 분량

찹쌀가루 1컵, 된장 1큰술, 고추장 1큰술, 풋고추 1개, 홍고추 1개, 다진파 1큰술, 다진마늘 1/2작은술, 깨소금 1작은술, 참기름 1작은술, 식용유 1작은술

만드는 법

❶ 풋고추와 홍고추는 씻어서 물기를 제거하고 얇게 통썰어 씨를 제거한다.
❷ 된장과 고추장은 찬물에 풀어 찹쌀가루를 넣고 반죽을 한다.
❸ ❷에 풋고추, 홍고추, 다진파, 다진마늘, 깨소금, 참기름을 넣어 잘 섞는다.
❹ 기름을 두른 팬에 ❸을 지름 5cm 정도의 크기로 둥글게 하여 지져내고, 풋고추 · 홍고추로 장식을 한다.

조리 Point

반죽은 너무 질지 않게 하여 지져낸다.

79 장산적

추천시간 30분

재료 및 분량

소고기 90g, 두부 30g, 잣 1작은술, 식용유 1큰술

소고기 · 두부 양념 : 소금 1작은술, 설탕 1/2작은술, 다진파 · 다진마늘 · 참기름 · 깨소금 · 후춧가루 약간

조림장 : 간장 5큰술, 설탕 3큰술, 생강편, 마늘편, 대파 1/2대 + 물 3큰술

만드는 법

❶ 소고기는 곱게 다지고 두부는 으깨어 물기를 제거하고 섞어 양념을 하고 끈기가 나도록 치댄다.
❷ ❶의 소고기는 두께 0.7cm로 편편하게 반대기를 지어 네모나게 만든 다음 칼등으로 잔칼집을 넣는다.
❸ 석쇠에 기름을 바르고 달군 다음 ❷의 소고기를 타지 않게 굽는다.
❹ ❸의 소고기가 식으면 사방 2cm 크기로 썬다.
❺ 냄비에 조림장을 하여 끓이다가 가장자리가 끓으면 약불에서 은근하게 조려 조림장이 1/3 정도 줄어들 때 소고기를 넣고 걸쭉한 농도가 되도록 조린다.
❻ 국물과 함께 그릇에 담아내고, 잣가루를 고명으로 뿌린다.

조리 Point

- 소고기를 자를 때는 식은 후가 더 잘 잘라지며 이때 칼을 불에 달궈서 자르면 단면이 깨끗하게 잘린다.
- 다진 소고기는 잘 치대어 주어야 잘랐을 때 빈틈이 없이 매끄럽다.
- 지급재료로 두부가 나오지 않을 수도 있다.

80 제육구이

추천시간 30분

재료 및 분량

돼지고기 120g, 식용유 1작은술

돼지고기 양념장 : 고추장 2큰술, 간장 1작은술, 설탕 1큰술, 다진파 · 다진마늘 · 생강즙 · 깨소금 · 참기름 · 후춧가루 약간

만드는 법

❶ 돼지고기는 찬물에 담궈 핏물을 제거한다.
❷ 돼지고기는 결 반대로 4.5×5.5×0.3cm 크기로 저미고, 칼등으로 두드려준 뒤 칼끝을 세워 힘줄 부위를 끊어준다.
❸ 돼지고기 양념장을 준비하여 고기에 골고루 바른 뒤 재워둔다.
❹ 석쇠에 기름을 바르고 달군 후 ❸을 올려 중불에서 타지 않게 구워서 그릇에 담아낸다.

조리 Point

- 구이를 할 때는 다진마늘, 다진파가 가장 먼저 타므로 아주 곱게 다져 양념장에 섞어 사용한다.
- 양념장은 조금씩 덧발라 가며 굽고 마지막에 참기름을 살짝 발라서 내면 윤기가 더 난다.

81 죽순찜

추천시간 20분

재료 및 분량

죽순 2개, 소고기 30g, 불린 표고버섯 1장, 달걀 1개, 불린 석이버섯 2개, 실고추 1g, 국간장 1작은술, 소금 1작은술, 참기름 1작은술

소고기 · 표고버섯 양념 : 간장 · 설탕 · 다진파 · 다진마늘 · 참기름 · 깨소금 · 후춧가루 약간

만드는 법

❶ 죽순은 반으로 갈라 씻은 뒤 등쪽에 칼집을 어슷하게 3회 넣는다.
❷ 소고기, 불린 표고버섯은 가늘게 채썰어 각각 양념하여 섞는다.
❸ 불린 석이버섯은 채썰어서 소금, 참기름을 넣어 살짝 볶는다.
❹ 달걀은 황 · 백지단으로 부쳐서 3cm 정도로 채를 썬다.
❺ ❶의 죽순 칼집 속에 ❷를 집어 넣는다.
❻ 냄비에 물을 부어 국간장으로 간을 맞춘 후 ❺를 넣고 찐다.
❼ 접시에 죽순찜을 담고 황 · 백지단과 석이버섯, 실고추를 고명으로 얹어낸다.

조리 Point

냄비에 물을 부어 죽순을 넣고 찔 때 칼집 아래까지 물을 붓고 쪄야 내용물이 빠져 나오지 않는다.

82 죽순채

추천시간 20분

재료 및 분량

죽순(캔) 100g, 소고기(우둔살) 50g, 홍고추 1개, 불린 표고버섯 1장, 미나리 20g, 숙주 30g, 달걀 1개, 소금 1작은술, 참기름 1작은술

죽순 · 숙주 · 미나리 양념 : 소금 · 참기름 약간
소고기 · 표고버섯 양념 : 간장 1큰술, 설탕 1/2큰술, 다진파 · 다진마늘 · 깨소금 · 참기름 · 후춧가루 약간
초간장 : 간장 1/2큰술, 식초 1/2큰술, 설탕 1큰술, 소금 1/2작은술, 깨소금 1작은술

만드는 법

❶ 죽순은 물에 씻은 뒤 빗살모양을 살린 채로 썰어 끓는 물에 데치고 소금과 참기름을 넣어 살짝 볶는다.
❷ 숙주는 머리, 꼬리를 떼고, 미나리는 5cm 길이로 썬 후 소금물에 각각 데쳐 내어 찬물에 헹구고 소금과 참기름으로 밑간을 한다.
❸ 소고기는 채를 썰어 양념하고 불린 표고버섯은 기둥을 떼내고 채썬 뒤 양념하여 각각 볶아서 식힌다.
❹ 달걀은 황 · 백지단을 부쳐 5×0.2×0.2cm 크기로 채를 썬다.
❺ 홍고추는 4cm 정도로 얇게 채를 썰고 소금을 넣어 살짝 볶는다.
❻ 초간장을 준비한다.
❼ 준비한 모든 재료를 초간장에 넣어 무쳐서 담고, 황 · 백지단은 고명으로 올려서 낸다 .

조리 Point

• 젓가락으로 죽순 사이사이의 석회질을 제거한다.
• 양념에 미리 무쳐 놓지 않도록 한다(제출 직전에 무쳐 낸다).

83 지짐누름적

추천시간 35분

재료 및 분량

소고기 50g, 불린 표고버섯 1개, 당근 50g, 쪽파 2뿌리, 통도라지 1개, 밀가루 1큰술, 달걀 1개, 산적꼬치 2개, 소금 1작은술, 참기름 1작은술, 식용유 2큰술

소고기 · 표고버섯 양념 : 간장 1큰술, 설탕 1/2큰술, 다진파 · 다진마늘 · 참기름 · 깨소금 · 후춧가루 약간

만드는 법

❶ 당근, 도라지를 1×6×0.5cm 크기로 썰어 끓는 소금물에 넣고 데친 다음 소금과 참기름으로 밑간한다.
❷ 쪽파는 6cm 길이로 썰어 소금과 참기름으로 밑간하고, 불린 표고버섯은 길이 6cm, 폭 1cm로 썰어 양념한다.
❸ 소고기는 8×1.2×0.4cm 크기로 썰고 잔칼집을 넣어 양념한다.
❹ 팬에 기름을 두르고 도라지 → 당근 → 표고버섯 → 소고기 순으로 볶아 준비한다.
❺ 산적꼬치에 순서대로 꽂은 후 밀가루를 바르고 달걀물을 묻혀 지져낸다.
❻ 식으면 산적꼬치를 빼내고 깔끔하게 정리하여 제출한다.

조리 Point

- 밀가루를 재료에 묻힐 때 뒷면만 묻히고 달걀물을 얇게 입혀 지져내야 각각의 색을 살릴 수 있다.
- 꼬치를 뺄 때는 젖은 행주를 대고 손으로 누른 다음 꼬치를 빼야 모양이 흐트러지지 않는다.

84 취나물

추천시간 20분

재료 및 분량

취나물 200g, 국간장 1작은술, 다진파 1작은술, 다진마늘 1/2작은술, 깨소금 1작은술, 참기름 1큰술, 식용유 1큰술, 소금 1작은술

만드는 법

❶ 취나물은 어린 것으로 골라 줄기와 잎을 따로 손질한다.
❷ 끓는 소금물에 줄기를 넣어 약간 데쳐지면 잎을 마저 넣어 데쳐낸다.
❸ 데친 취나물은 찬물에 헹궈 떫은 맛을 우려내고 물기를 꼭 짠 후 손으로 주물러 향을 낸다.
❹ 취나물에 다진파, 다진마늘, 국간장을 넣어 간을 한다.
❺ 달군 팬에 식용유를 두르고 ❹를 넣어 볶다가 깨소금과 참기름을 넣어 그릇에 담아낸다.

조리 Point

시험장에서는 취나물을 데친 후 반드시 불에 기름을 두르고 볶아내야 한다.

85 칠절판

추천시간 40분

재료 및 분량

소고기 50g, 오이 1/2개, 당근 50g, 달걀 1개, 석이버섯(잎이 넓은 것 3~5장), 밀가루 3큰술, 소금 1작은술, 참기름 2작은술

소고기 양념 : 간장 1작은술, 설탕 1/2큰술, 다진파 · 다진마늘 · 참기름 · 깨소금 · 후춧가루 약간

밀전병 : 밀가루 5큰술, 물 5큰술, 소금 1/2작은술

만드는 법

❶ 돌려깎은 오이와 당근은 0.2×0.2×5cm 크기로 채썰어 소금물에 담궈 절인 후 물에 씻어 참기름으로 간을 한다.
❷ 석이버섯은 채썰어 소금과 참기름을 넣고 간을 한다.
❸ 소고기는 5×0.2×0.2cm 크기로 채썰어 양념한다.
❹ 밀가루, 물, 소금을 넣고 섞어 체에 내린 뒤 직경 8cm로 밀전병을 지져낸다.
❺ 달걀은 황 · 백지단으로 최대한 얇게 지진다.
❻ 기름을 두른 팬에 오이 → 당근 → 석이버섯 → 소고기 순으로 볶은 후 펼쳐서 식힌다.
❼ 그릇의 중앙에 밀전병을 놓고 6가지의 재료들을 색색이 돌려 담는다.

조리 Point

- 밀전병의 반죽 비율은 밀가루 : 물 = 1 : 1이 적당하다.
- 밀전병을 부칠 때는 팬에 기름을 적게하고 반죽을 얇게 펴서 약불로 부친다.
- 6가지의 재료들은 가늘고 일정하게 채썰고 색의 조화를 고려하여 담는다.

86 칼국수

추천시간 30분

재료 및 분량

밀가루 100g, 멸치 20g, 애호박 1/4개, 불린 표고버섯 1개, 실고추 1g, 대파 1/2대, 마늘 1개, 식용유 2작은술, 참기름 1작은술, 소금 1작은술

표고버섯 양념 : 간장 · 설탕 · 참기름 약간
멸치육수 : 진간장 1작은술, 소금 약간

만드는 법

❶ 밀가루는 체에 내린 후 소금물로 반죽하여 숙성시킨다.
❷ 멸치는 내장과 머리를 제거하고 냄비에서 볶다가 물, 대파, 마늘을 넣고 끓인 후 체에 걸러 진간장, 소금으로 간을 하여 연한 보리차색이 나도록 한다.
❸ 애호박은 돌려깎아 5×0.2×0.2cm 크기로 채썰어 소금과 참기름으로 간을 하고 볶아낸다.
❹ 불린 표고버섯은 0.2cm 두께로 채썰어 양념한 후 볶아낸다.
❺ 반죽은 밀대로 0.2cm 정도 두께로 밀어 편 후 0.3cm 정도 폭으로 썰어 서로 달라붙지 않도록 덧가루를 뿌려 펼쳐놓는다.
❻ ❷의 멸치육수를 끓인 후 면을 넣어 국수가 떠오를 때까지 삶아서 그릇에 사리모양으로 면을 담는다.
❼ 국수와 국물을 1 : 2 비율로 담고 표고버섯, 애호박, 실고추를 올려서 제출한다.

조리 Point

- 반죽을 밀어 접어서 말 때 서로 달라붙지 않도록 덧가루를 뿌리는데 이때 너무 많이 사용하면 국물이 탁해질 수 있으므로 주의한다.
- 칼국수는 덧가루를 털고 삶아야 국물이 깨끗하고 맑게 나온다.

87 콩나물밥

추천시간 30분

재료 및 분량

불린 쌀 150g, 콩나물 60g, 소고기 30g

소고기 양념 : 간장 1작은술, 다진파 · 다진마늘 · 참기름 · 후춧가루 약간

만드는 법

❶ 콩나물은 씻어서 껍질, 꼬리를 뗀다.
❷ 소고기는 채를 썰어 양념을 한다.
❸ 냄비에 불린 쌀을 넣고 소고기와 콩나물을 얹어 센불로 끓이다가 냄비 뚜껑 가장자리에 하얀 김이 올라오면 중불로 줄인다.
❹ ❸에서 틱틱 밥튀기는 소리가 나면 약불로 줄인 뒤 주걱으로 밥을 저어준 다음 3~5분간 뜸을 들인다.
❺ 밥이 다되면 그릇에 모양있게 담아서 낸다.

조리 Point

- 콩나물밥을 지을 때 중간에 뚜껑을 열면 비린내가 나므로 다 익은 후 열어서 주걱으로 젓도록 한다.
- 보통밥을 지을 때보다 물을 적게 넣도록 한다.

88 탕평채

추천시간 35분

재료 및 분량

청포묵 150g, 소고기 20g, 숙주 20g, 미나리 10g, 달걀 1개, 김 1/4장, 식용유 2작은술

소고기 양념 : 간장 1작은술, 설탕 1/2작은술, 다진파 · 다진마늘 · 참기름 · 깨소금 · 후춧가루 약간
숙주 · 미나리 · 청포묵 밑간 : 소금 · 참기름 약간
초간장 : 간장 1큰술, 설탕 1작은술, 식초 1큰술

만드는 법

❶ 청포묵은 0.4×0.4×6cm 크기로 썰어 데친 후 소금, 참기름으로 밑간한다.
❷ 숙주는 머리와 꼬리를 떼어 데치고, 미나리는 4~5cm 크기로 썰어 데친 후 소금, 참기름으로 밑간한다.
❸ 소고기는 채를 썰어 양념을 한 후 볶는다.
❹ 팬에 황 · 백지단을 지져 4cm 길이로 곱게 채썰고, 김은 구운 후 부순다.
❺ ❶, ❷, ❸의 재료에 초간장을 섞어 무쳐낸다.
❻ ❺를 그릇에 담고, 지단과 김을 고명으로 얹어 낸다.

조리 Point

- 청포묵은 썰고 난 후 데치도록 하고, 초간장의 비율에 유의한다.
- 제출 직전에 무쳐내야 미나리색이 변하지 않는다.

89 파강회

추천시간 25분

재료 및 분량

쪽파 60g, 소고기 50g, 달걀 2개, 홍고추 2개, 소금 1작은술, 대파 1/2대, 마늘 2쪽, 생강 1/2쪽

초고추장 : 고추장 1큰술, 식초 1큰술, 설탕 1/2큰술, 간장 1작은술

만드는 법

1. 쪽파는 다듬어 씻은 다음 10cm 정도의 길이로 썰어서 끓는 소금물에 데친다.
2. 달걀은 황 · 백지단으로 도톰하게 부쳐서 4×0.3×0.3cm 크기로 굵게 채썬다.
3. 소고기는 대파, 생강, 마늘을 넣고 삶아서 편육을 만든다.
4. 홍고추, ❸의 편육은 황 · 백지단 길이와 같은 크기로 채썬다.
5. 황 · 백지단, 소고기, 홍고추를 각 2개씩 넣어 쪽파로 이음새 부분이 보이지 않게 만다.
6. 그릇에 담아 초고추장과 함께 낸다.

조리 Point

모양이 흐트러지지 않게 파를 잘 감아서 만다.

90 편수

추천시간 30분

재료 및 분량

소고기 50g, 애호박 1/2개, 숙주 30g, 오이 1/2개, 불린 표고버섯 2장, 잣 1작은술, 달걀 1개, 소금 1작은술, 참기름 1작은술, 밀가루 1/2컵

육수 : 소고기 30g, 대파 1/2대, 마늘 2개, 통후추 약간, 국간장 · 소금 약간 + 물

소고기 · 표고버섯 양념 : 간장 1큰술, 설탕 1/2큰술, 다진파 · 다진마늘 · 참기름 · 깨소금 · 후춧가루 약간

초간장 : 간장 1큰술, 설탕 1/2큰술, 식초 1큰술

만드는 법

❶ 밀가루는 반죽한 후 젖은 면포에 싸서 30분간 두었다가 얇게 밀어 지름 8cm 크기의 정사각형으로 잘라 만두피를 준비한다.

❷ 육수는 면포에 걸러 국간장과 소금으로 간을 한다.

❸ 숙주는 소금물에 데치고 찬물에 헹구어 물기 제거 후 송송썰어 소금과 참기름으로 간을 한다.

❹ 오이와 애호박은 돌려깎아 채썰어서 소금물에 살짝 절여 물기를 제거한 후 참기름에 볶고 펼쳐서 식힌다.

❺ 소고기는 다지고, 불린 표고버섯은 가늘게 채썰어 양념을 하여 볶아서 식힌다.

❻ 황 · 백지단은 마름모꼴로 썬다.

❼ ❸~❺를 섞어 소를 만든다.

❽ 만두피에 소를 넣고 잣을 얹은 다음 네 귀를 모아 맞닿는 가장자리를 붙여 네모난 모양으로 빚는다.

❾ 김이 오른 찜통에 젖은 면포를 깔고 10분 정도 쪄낸다.

❿ 편수를 찬 육수에 띄우고 황 · 백지단을 고명으로 얹은 후 초간장을 곁들여 낸다.

조리 Point

- 잣 넣는 것을 빠트리지 않는다.
- 편수는 먼저 찐 다음 찬 육수를 붓는다.

91 표고전

추천시간 20분

재료 및 분량

불린 표고버섯 5개, 소고기 30g, 두부 15g, 달걀 1개, 밀가루 1큰술, 식용유 2큰술

표고버섯 양념 : 간장 · 설탕 · 참기름 약간
소고기 · 두부 양념 : 소금 · 설탕 · 다진파 · 다진마늘 · 참기름 · 깨소금 · 후춧가루 약간

만드는 법

❶ 불린 표고버섯은 기둥을 떼고 물기를 제거한 다음 표고버섯 안쪽에 옅은 칼집을 넣어 표고버섯 양념을 한다.
❷ 소고기는 핏물을 제거한 후 곱게 다지고, 두부는 곱게 으깬 다음 물기를 제거한 후 3 : 1로 섞어 양념한다.
❸ ❶의 표고버섯 안쪽에 밀가루를 묻혀 털고, 소를 채운 뒤 밀가루 → 달걀물 순으로 옷을 입혀 약불로 지져낸다.
❹ 표고버섯 안쪽을 다 익힌 후에 등쪽도 살짝 지져낸다.

조리 Point

표고버섯 안쪽에 소를 넣을 때 검지와 중지로 누르면서 빈틈없이 소를 넣어야 익었을 때 빈틈이 생기는 것을 막을 수 있다.

92 풋고추전

추천시간 25분

재료 및 분량

풋고추 4개, 소고기 30g, 두부 15g, 밀가루 1큰술, 달걀 1개, 소금 1작은술, 식용유 2큰술

소고기 · 두부 양념 : 소금 · 설탕 · 다진파 · 다진마늘 · 깨소금 · 참기름 · 후춧가루 약간

만드는 법

❶ 풋고추는 반을 잘라 속을 파내어 5cm 길이로 자른 다음 끓는 소금물에 살짝 데친 후 찬물에 헹구어 물기를 제거한다.
❷ 소고기는 핏물을 제거한 후 곱게 다진다.
❸ 두부는 곱게 으깬 후 물기를 제거하고 소고기와 섞어 양념을 한 다음 치댄다.
❹ 풋고추 안쪽에 밀가루를 묻혀 털어내고 소를 넣은 뒤 밀가루 → 달걀옷 순으로 입혀 지진다.
❺ 풋고추 안쪽을 다 익힌 다음 마지막에 불을 끄고 풋고추 등도 살짝 지져낸다.

조리 Point

- 소를 넣을 때 많이 넣지 말고 편편하게 채워 손으로 누르면서 지져야 익었을 때 울퉁불퉁한 모양이 되지 않는다.
- 소고기와 두부의 비율은 3 : 1이 적당하다.

93 해물된장찌개

추천시간 30분

재료 및 분량

모시조개 5개, 물오징어 1마리, 애호박 1/3개, 두부 1/4모, 불린 표고버섯 1장, 풋고추 1개, 홍고추 1개, 대파 1/2대, 고춧가루 1큰술, 소금, 다진마늘 1/2작은술

멸치육수 : 멸치 5마리, 된장 3큰술 + 물

만드는 법

❶ 모시조개는 소금물에 해감을 시킨다.
❷ 멸치는 내장과 머리를 제거하여 마른 냄비에서 볶은 다음 찬물을 부어 멸치육수를 만든 후 체에 거른다.
❸ 오징어는 반을 갈라 내장을 제거하고 손에 소금을 묻혀 껍질을 벗겨 깨끗이 씻은 다음 껍질안쪽(내장쪽)에 대각선으로 칼집을 넣어 가로 4cm × 세로 1.5cm 정도 크기로 썬다(다리는 4cm 정도 길이로 자른다).
❹ 두부와 애호박은 사방 1.5cm 크기로 네모지게 썰고, 대파도 어슷썰고 풋고추 · 홍고추는 1cm 두께로 어슷썰어 씨를 제거하며, 불린 표고버섯은 4등분하여 잘라둔다.
❺ 멸치육수에 된장을 풀어서 체에 내리고 고춧가루를 푼 다음 끓으면 모시조개, 오징어, 표고버섯, 애호박, 두부를 넣고 끓이다가 풋고추 · 홍고추, 대파, 마늘을 넣어서 완성한다.

조리 Point

찌개이므로 국물이 건더기보다 많지 않게 그릇에 담아내며, 찌개 재료가 다 보이도록 담아 낸다.

94 호두간장조림

추천시간 20분

재료 및 분량

호두 200g, 잣 1큰술, 꼬챙이 1개, 참기름 1작은술, 식용유 2큰술

조림장 : 간장 2큰술, 설탕 1큰술, 꿀 1큰술 + 물 1/2컵

만드는 법

❶ 호두는 뜨거운 물에 담갔다 꺼내 꼬챙이로 속껍질을 벗긴다.
❷ 냄비에 물, 간장, 설탕을 넣어 국물이 반이 될 때까지 조려 조림장을 만든다.
❸ 열이 오른 팬에 기름을 두르고 호두를 볶다가 ❷의 조림장을 넣고 볶는다.
❹ ❸에 꿀 1큰술을 넣고 재빨리 볶아 불을 끈 후 잣과 참기름을 넣어서 버무려 낸다.
❺ 그릇에 모양있게 담아낸다.

조리 Point

호두의 성분은 지방이고 호두껍질의 성분은 섬유질이므로 따뜻한 물에 불려두면 섬유질이 물에 불려져서 호두와 호두껍질이 분리가 되기 때문에 빨리 벗길 수 있다.

95 호박선

추천시간 35분

재료 및 분량

애호박 150g, 소고기 20g, 표고버섯 1개, 당근 50g, 달걀 1개, 석이버섯 5g, 실고추 1g, 잣 3개, 간장 2작은술, 소금 2작은술, 참기름 1작은술

소고기 · 표고버섯 양념 : 간장 1작은술, 다진파 · 다진마늘 · 참기름 · 깨소금 · 후춧가루 약간
겨자숙성 : 겨잣가루 1작은술, 물 1작은술
겨자장 : 숙성된 겨자 1작은술, 설탕 1큰술, 식초 1큰술, 소금 1/4작은술

만드는 법

❶ 애호박은 반을 갈라서 푸른 부분이 4cm가 되게 어슷썰어 1cm 간격으로 3번 칼집을 넣고 소금물에 절인다.
❷ 냄비에 소고기를 넣어 육수를 끓여 걸러낸 후 소금과 간장으로 간을 한다.
❸ 겨자를 개어 숙성시킨 다음 겨자장을 만든다.
❹ 표고버섯, 소고기는 3×0.1cm 크기로 채썰어 양념한다.
❺ 당근도 ❹와 같은 크기로 채썰어 소금물에 살짝 데친 후 ❹와 함께 섞는다.
❻ 황 · 백지단, 실고추는 2×0.1cm 크기로 썬다.
❼ 석이버섯은 2×0.1cm 크기로 썬 다음 소금과 참기름을 넣어 살짝 볶는다.
❽ ❷의 육수를 붓고 잘 절여진 호박에 ❺를 끼운 후 익힌다.
❾ 그릇에 호박선을 담고 황 · 백지단, 석이버섯, 실고추, 잣은 반으로 쪼개어 (비늘잣) 고명으로 얹고 겨자장을 곁들여 낸다.

조리 Point

- 호박선과 오이선의 차이점을 안다(호박선은 생것을 넣어서 익히고 오이선은 익힌 것을 넣어 촛물을 끼얹어 낸다).
- 호박은 칼집 넣은 쪽이 아래로 가도록 뒤집어 절이면 더 빨리 절여진다.
- 뚜껑을 열고 조리해야 호박색깔이 누렇게 변하지 않는다.

96 호박전

추천시간 15분

재료 및 분량

애호박 1/2개, 소고기(우둔살) 30g, 두부 20g, 달걀 1개, 밀가루(중력분) 50g, 소금, 식용유

소양념 : 대파, 마늘, 진간장, 설탕, 깨소금, 후춧가루, 참기름

만드는 법

❶ 애호박은 두께 0.5cm 정도로 동그랗게 잘라 중심을 직경 2cm 정도로 파내서 소금에 절인 후 수분을 제거한다.
❷ 소고기를 곱게 다지고, 두부의 물기를 제거하여 곱게 다진 후 섞어 소금간하여 갖은 양념을 한다.
❸ ❶의 애호박에 밀가루를 묻히고, 고기 속을 넣는다.
❹ ❸에 밀가루를 다시 묻히고 달걀옷을 입혀 8개를 지져낸다.

조리 Point

애호박의 색감을 살려 누렇게 되지 않도록 약불에서 익힌다.

97 호박죽

추천시간 30분

재료 및 분량

늙은 호박 150g, 단호박 80g, 찹쌀가루(젖은 것) 100g, 삶은 팥 50g, 설탕 1큰술, 소금 1작은술

만드는 법

❶ 늙은 호박은 씨를 파내고 껍질을 벗긴 다음 얇게 썬다.
❷ 물을 잠길 정도로 붓고 호박이 푹 물러지도록 삶은 다음 으깨어 체에 내린다.
❸ 찹쌀가루는 물에 개어서 새알심을 만들고 끓는 물에 익혀서 준비한다.
❹ ❷의 호박물을 눌지 않게 저으면서 ❸을 넣고 찹쌀가루로 농도를 맞추면서 삶아놓은 팥을 넣고 약불에서 끓인다.
❺ 완성된 호박죽에 소금과 설탕으로 간을 한다.

조리 Point

• 호박은 으스러지도록 푹 삶아내야 체에 거르기 쉽다.
• 새알심을 준비한다.

98 홍합초

추천시간 20분

재료 및 분량

생홍합 100g, 대파 1대, 마늘 2개, 생강 1/2개, 잣 5개, 참기름 1작은술

조림장 : 간장 1큰술, 설탕 1/2큰술, 참기름 · 후춧가루 약간 + 물 70ml

만드는 법

❶ 생홍합은 이물질을 제거하고 소금물에 씻은 후 끓는 물에 데친다.
❷ 대파는 2cm 길이로 자르고 마늘과 생강은 편으로 썬다.
❸ 잣가루를 만든다.
❹ 냄비에 조림장을 넣어서 끓이다가 홍합을 넣고 중불에서 조린다.
❺ ❹에 마늘, 생강을 넣고 윤기나게 조리면서 대파를 넣어 살짝 익히고 참기름을 넣고 불을 끈다.
❻ 그릇에 홍합초를 담고 ❹의 조린 국물을 끼얹은 후 잣가루를 뿌려 제출한다.

조리 Point

잣은 준비한 A4용지를 반 접어 넣고, 밀대로 민 후 칼날로 다져서 잣가루를 만들면 쉽게 다져진다.

99 화양적

추천시간 35분

재료 및 분량

소고기 50g, 불린 표고버섯 1개, 당근 50g, 오이 1/2개, 통도라지 1개, 달걀 2개, 산적꼬치 2개, 소금 1작은술, 참기름 1작은술, 간장 1작은술, 설탕 1작은술, 잣 10개, 식용유 2큰술

소고기 양념 : 간장 1큰술, 설탕 1/2작은술, 다진파 · 다진마늘 · 참기름 · 깨소금 · 후춧가루 약간

만드는 법

❶ 오이는 푸른색 위주로 6×1×0.6cm 크기로 썰어서 소금에 절여 참기름에 볶는다.
❷ 도라지는 껍질을 벗기고 소금물에 담궈 쓴맛을 제거한 다음 6×1×0.6cm 크기로 썰고, 당근도 같은 크기로 썰어서 끓는 소금물에 데친 후 참기름에 각각 볶는다.
❸ 불린 표고버섯은 오이와 같은 크기로 썰어 간장, 설탕, 참기름으로 간하여 볶고, 잣은 가루를 만든다.
❹ 소고기는 길이 8cm, 폭 2cm로 썰어 잔칼집을 넣고 소고기 양념을 한 후 익힌다.
❺ 달걀의 노른자를 사용하여 황지단을 지져 6×1×0.6cm 크기로 썬다.
❻ 산적꼬치에 기름을 바르고, ❶~❺의 재료들을 색을 맞추어 끼운다.
❼ 산적꼬치 양끝의 1cm를 남기고 정리한 후 잣가루를 뿌린다.

조리 Point

- 각 재료의 색깔을 잘 살리도록 한다.
- 당근을 데칠 때 너무 많이 데치면 꼬치에 끼울 때 끊어지고, 너무 덜 삶아도 꼬치에 들어가지 않아 꼬치가 부러지므로 적당히 데쳐내야 한다.

100 화전

추천시간 20분

재료 및 분량

찹쌀가루(젖은 것) 100g, 대추 1개, 쑥갓 10g, 식용유 2큰술, 소금 1작은술

시럽 : 설탕 5큰술, 물 5큰술

만드는 법

1. 찹쌀가루는 체에 내린 후 따뜻한 소금물로 익반죽을 한 다음 젖은 면포에 싸서 놓는다.
2. 대추는 씨를 제거한 후 돌돌 말아 0.2cm 두께로 썬다.
3. 쑥갓은 시들지 않게 찬물에 담군 후 작은 잎을 뗀다.
4. ①의 찹쌀반죽을 팬에 식용유를 두르고 지름 5cm, 두께 0.4cm가 되도록 검지로 눌러가면서 화전 모양을 만든다(이때 불은 켜지 않도록 한다).
5. 화전 모양을 다 만들면 팬에 불을 켜서 약불로 서서히 익히는데 찹쌀이 투명해지면 뒤집어 익히다가 완전히 투명해지면 쑥갓과 대추 고명을 얹는다.
6. 시럽은 물과 설탕을 동량으로 넣어 젓지 않다가 냄비의 가운데까지 잔거품이 끓어오르면 조린다.
7. 그릇에 지져낸 화전을 요구사항에 맞게 담고 시럽을 끼얹어 제출한다.

조리 Point

- 쑥갓은 화전이 거의 익었을 때 위에 얹어야 누렇게 변하지 않는다.
- 시럽의 비율은 설탕 : 물 = 1 : 1 정도로 하여 젓지 말고 서서히 조려서 농도가 1/2로 농축되면 불을 끈다.

101 편강

추천시간 1시간

재료 및 분량

생강 반근(200g), 설탕 150g

만드는 법

❶ 생강은 껍질을 벗겨 0.2cm 두께로 썬 다음 물에 30분 정도 담가서 매운 맛을 제거한다.
❷ 끓는 물에 ❶의 생강을 넣고 20분 정도 삶은 후 찬물에 재빨리 헹구어 물기를 제거한다.
❸ ❷의 생강에 설탕을 넣고 맑고 투명하게 조린 다음 건져 체에 쳐서 시럽을 제거 한 후 설탕을 뿌려 낸다.

조리 Point

- 생강을 충분히 물에 담근 후 데쳐야 맵지 않다.
- 물엿이 지급되면 설탕은 1/2만 넣고 물엿과 함께 넣고 조린다.
- 편강에 수분이 많이 남아 있어 눅눅하면 약한 불에서 수분을 말려 준다.

102 장똑똑이

추천시간 20분

재료 및 분량

소고기(우둔살)100g, 잣 1/2작은술, 참기름 1/2큰술, 물 3큰술

양념 : 간장 1큰술, 다진파 1작은술, 다진마늘 1/2작은술, 참기름 1작은술

만드는 법

❶ 소고기는 핏물을 제거하고 길이 5×0.3×0.3cm 정도로 가늘게 채썬다.
❷ 잣은 곱게 다지고 양념장을 만든다.
❸ 냄비에 물을 붓고 ❶의 소고기를 넣어준 후 끓어오르면 양념장을 넣고 중불에서 조린다.
❹ 국물이 조금 남아 있으면 불을 끄고 그릇에 담고 잣가루를 뿌린다.

조리 Point

- 국물이 조금 남아 있을 때 불을 끈다.
- 젓가락으로 저어주면서 조린다.

103 연근전

추천시간 20분

재료 및 분량

연근 100g, 식초 1큰술, 밀가루 3큰술, 달걀 2개

초간장 : 간장 1큰술, 식초 1큰술, 물 1큰술, 잣가루 1/2작은술

만드는 법

❶ 연근은 껍질을 벗긴 후 0.3cm 두께로 썰어 식초 탄 물에 담갔다가 건진다.
❷ ❶의 연근을 건져 소금물에 살짝 데친 후 가장자리를 다듬는다.
❸ ❷에 밀가루를 고루 묻히고 달걀물에 담갔다가 기름 두른 팬에 지져낸 후 접시에 담아낸다.
❹ 잣을 다져 초간장에 넣어 낸다.

조리 Point

- 연근을 강판에 갈아 밀가루와 섞어 부치기도 한다.
- 홍고추가 지급되면 꽃 모양으로 만들어 고명으로 올린다.

104 도라지나물

추천시간 35분

재료 및 분량

통도라지 200g, 식용유 1큰술, 참기름 1작은술, 깨소금 1작은술, 소금 1작은술

양념 : 소금 1작은술, 다진파 · 다진마늘 · 다진생강 약간

만드는 법

❶ 통도라지는 껍질을 벗기고 6×0.5×0.5cm 크기로 썰어서 소금을 넣고 주물러 쓴맛을 뺀 다음 헹구고 물기를 짠다.
❷ 도라지에 양념을 넣어서 무친다.
❸ 팬에 식용유를 두르고 ❷의 도라지를 넣고 볶다가 물 3큰술을 넣은 다음 뚜껑을 덮고 익힌다.
❹ 도라지가 거의 익어 약간의 국물이 남았을 때 참기름 1작은술, 깨소금 1작은술을 넣고 고루 섞어 그릇에 담아낸다.

조리 Point

• 실고추가 지급이 되면 3cm 정도의 크기로 잘라서 마지막에 버무려 낸다.

105 두부전골

추천시간 35분

재료 및 분량

두부 200g, 소고기(살코기) 60g, 소고기(사태 부위) 20g, 무(길이로 5cm 이상) 50g, 당근(길이로 5cm 이상) 50g, 실파(중) 2뿌리, 숙주(생것) 50g, 건표고버섯(불린 것) 2개, 달걀 2개, 마늘(중, 깐 것) 3쪽, 대파(흰 부분, 4cm 정도) 1토막, 진간장 20ml, 소금 5g, 참기름 5ml, 식용유 20ml, 밀가루(중력분) 20g, 녹말가루(감자 전분) 20g, 검은 후춧가루 2g, 깨소금 5g, 키친타월(종이, 주방용, 소 18×20cm) 1장

소고기 양념 : 진간장 2작은술, 백설탕 1작은술, 다진파 · 다진마늘 · 깨소금 · 검은 후춧가루 · 참기름 약간씩

만드는 법

❶ 육수용 소고기(사태)는 핏물을 제거하고 대파 1/2토막과 마늘 1쪽을 찬물에 넣고 끓인 후 면포에 걸러 육수를 만든다.
❷ 육수에 진간장과 소금으로 간을 하고 남은 대파와 마늘은 곱게 다져 놓는다.
❸ 두부는 3X4X0.5cm 크기로 썰어 소금을 뿌려 밑간을 한다.
❹ 밑간한 두부는 키친타월로 물기를 닦아 내고 한쪽 면에 녹말가루를 묻힌 다음, 팬을 뜨겁게 달궈 식용유를 두르고 노릇하게 지져 낸다. 완자용의 두부는 별도로 조금 남겨 놓는다.
❺ 달걀 1개는 흰자와 노른자를 잘 섞어 완자용으로 준비하고, 나머지 1개는 노른자와 흰자로 나눠 도톰하게 지단을 부쳐서 5×1.2×0.5cm 크기로 썬다.
❻ 완자용 소고기(살코기)는 핏물을 제거하고 곱게 다진 후 남겨 놓은 두부의 물기를 짜서 으깨 합하여 고기반죽을 만든다. 여기에 소금, 다진대파, 다진마늘, 깨소금, 검은 후춧가루, 참기름을 넣고 잘 치대어 1.5cm 정도 크기의 완자를 5개 빚은 후 밀가루와 달걀을 묻혀 달군 팬에 식용유를 두르고 굴려 가며 익힌다.
❼ ❹의 지진 두부의 녹말가루를 묻히지 않은 쪽에 남겨 놓은 고기반죽을 소로 넣고 다른 두부 한쪽을 마주 대고 노릇하게 부친다.
❽ 무, 당근, 표고버섯은 각각 5×2×0.5cm 크기로 썰어 놓고, 실파는 5cm 길이로 썰고 숙주는 거두절미한다.
❾ 끓는 물에 무와 당근을 데쳐 내고, 숙주는 데쳐서 소금과 참기름으로 양념한다.
❿ 전골냄비에 고기와 숙주를 바닥에 깔고 무, 당근, 실파, 숙주, 표고버섯, 황백 달걀지단을 냄비에 보기 좋게 돌려 담고 중앙에 두부와 완자를 올린 후 ❷의 육수를 부어 끓여 낸다.

조리 Point

- 무, 당근은 데치고 숙주는 거두절미한 후 데쳐서 양념하여 사용하여야 맛이 좋다.

106 매작과

추천시간 35분

재료 및 분량

밀가루 50g, 소금 5g, 식용유 300ml, 흰설탕 40g, 생강 10g, 잣 5개

시럽 : 흰설탕 3큰술, 물 3큰술

만드는 법

❶ 생강은 씻어 껍질을 벗기고 다져 생강즙을 만든다.
❷ 밀가루를 체에 내려 소금, 생강즙을 이용하여 되직하게 반죽하고 젖은 면포 또는 비닐에 싸 놓는다.
❸ 잣가루를 만들어 놓는다(잣을 다질 때 기름을 제거하기 위해 준비한 A4용지를 도마 위에 깔고 다진다).
❹ 반죽을 두께 0.3cm로 밀어서 길이 5cm×폭 2cm로 자르고 중심에 내천(川) 모양을 만들어 뒤집어 준다.
❺ 팬에 설탕과 물을 동량으로 넣어 시럽을 만든다.
❻ 150℃ 정도 기름에 ❹를 넣고 나무젓가락을 이용하여 모양을 잡아준 후 노릇하게 튀겨준다.
❼ 튀긴 매작과를 시럽에 담갔다 건져 접시에 담고 잣가루를 뿌려 완성한다.

조리 Point

- 매작과는 낮은 온도에서부터 튀긴다.
- 생강즙은 강판에 갈아 면포에 짜서 사용하거나 생강을 곱게 다져 물에 섞어 사용한다.

107 미역오이냉채

추천시간 30분

재료 및 분량

마른미역 15g, 오이 1/2개, 양파 1/6개, 마늘 1쪽, 소금 5g

냉채양념 : 국간장 2작은술, 설탕(백) 2작은술, 식초 2큰술, 소금 약간

만드는 법

❶ 미역은 물에 충분히 불린 뒤 데쳐내어 찬물에 헹군 다음 2cm 정도로 썬다.
❷ 오이는 겉 부분을 소금으로 문지르고 잘 씻은 후 돌려깎기 하여 4cm 정도의 길이로 채를 썰어 준비한다.
❸ 양파는 얇게 채 썰어 준비하고 마늘은 다져 준비한다.
❹ 냉채양념을 만든다.
❺ 미역과 오이, 양파에 다진 마늘, 냉채양념을 넣고 무쳐 완성한다.

조리 Point

- 미역은 물에 충분히 불려 사용하고 오이는 0.2cm 정도로 얇게 돌려 깎기를 한다.
- 냉채양념은 미역과 오이의 양에 따라 조절하여 사용한다.

108 시금치 토장국

추천시간 20분

재료 및 분량

시금치 50g, 된장 30g, 조갯살 30g, 국물멸치 10g, 대파 30g, 마늘 5g, 소금

만드는 법

❶ 쌀뜨물을 준비한다.
❷ 시금치는 다듬어 씻은 후 소금물에 살짝 데쳐 식혀 준비한다.
❸ 조갯살은 손질하여 준비하고 국물멸치는 내장을 빼서 준비한다.
❹ 마늘은 다지고 대파는 어슷하게 썰어 준비한다.
❺ 쌀뜨물에 된장을 풀고 내장을 빼낸 국물멸치를 넣고 끓인다.
❻ 약 10분 정도 끓이다가 멸치의 맛이 우러나면 데친 시금치, 조갯살을 넣고 맛이 어우러지도록 끓인 후 다진 마늘, 어슷 썬 파를 넣고 한소큼 끓여 완성한다.

조리 Point

- 시금치 토장국의 국물은 쌀뜨물을 이용하여 완성하여야 한다.

109 육원전

추천시간 20분

재료 및 분량

소고기(살코기) 70g, 두부 30g, 달걀 1개, 밀가루 20g, 소금 약간, 식용유 2큰술.

소고기, 두부 양념 : 소금 1/2 작은술, 다진 파(흰부분) 1작은술, 다진 마늘 1/2작은술, 깨소금 1/3작은술, 참기름 1/2작은술, 설탕 약간, 후춧가루 약간

만드는 법

❶ 소고기는 힘줄과 기름기를 제거하여 곱게 다져준다.
❷ 두부는 물기를 꼭 짠 후 칼등으로 곱게 으깨어 준비한다.
❸ 다진 소고기, 두부, 파, 마늘과 소금, 깨소금, 참기름, 설탕, 후춧가루를 양념하여 충분하게 치대 준다.
❹ 직경4cm 크기로 둥글납작하게 완자를 빚는다.
❺ 달걀노른자에 달걀흰자 1큰술과 소금 약간을 체에 내려 달걀물을 만들어 준다.
❻ 완자에 밀가루를 골고루 묻히고 달걀물에 담궜다가 기름을 두른 팬에 노릇하게 지져 낸다.

조리 Point

- 달걀은 흰자, 노른자를 혼합하여 사용하면 된다.
- 육원전은 직경이 4cm, 두께 0.7cm 정도가 완성될 수 있도록 준비한다.

110 소고기전골

추천시간 30분

재료 및 분량

소고기(살코기) 70g, 소고기(사태 부위) 30g, 건표고버섯(불린 것) 3장, 숙주(생것) 50g, 무(길이 5cm 정도) 60g, 당근(길이 5cm 정도) 40g, 양파(중, 150g 정도) 1/4개, 실파(2뿌리) 40g, 달걀 1개, 잣 10알, 대파(흰 부분, 4cm 정도) 1토막, 마늘 1쪽, 진간장 10ml, 백설탕 5g, 깨소금 5g, 참기름 5ml, 소금 10g, 검은 후춧가루 약간

소고기 양념 : 진간장 2작은술, 백설탕 1작은술, 다진대파 1/2작은술, 다진마늘 1/4 작은술, 깨소금 · 검은 후춧가루 · 참기름 약간

만드는 법

❶ 육수용 소고기(사태)는 핏물을 제거하고 대파 1/2토막, 마늘 1/2쪽을 찬물에 넣고 끓인 후 면포에 걸러 육수를 만들어 진간장과 소금으로 간을 한다.
❷ 대파 1/2토막과 마늘 1/2쪽은 곱게 다져 놓는다.
❸ 진간장 2작은술, 백설탕 1작은술, 다진대파 1/2작은술, 다진마늘 1/4 작은술, 깨소금 · 검은 후춧가루 · 참기름 약간씩을 넣어 소고기 양념장을 만든다.
❹ 전골용 소고기(살코기)는 핏물을 제거하고 0.5×0.5×5cm 정도 크기로 채를 썬 후 소고기 양념장을 넣어 양념한다.
❺ 양파는 0.5cm 정도 폭으로 썰고, 실파는 5cm 정도 길이로 자른다.
❻ 무와 당근, 표고버섯은 각각 길이 5cm, 두께 0.5cm, 크기로 채를 썰어 준비한다.
❼ 숙주는 거두절미하여 끓는 물에 데친 후 소금, 참기름으로 양념한다.
❽ 준비한 양파, 당근, 무, 실파, 숙주, 표고버섯을 전골용 냄비로 가장자리에 보기 좋게 돌려 담고 ❹의 양념한 전골용 소고기를 가운데 담는다.
❾ ❽에 ❶의 육수를 붓고 끓이다가 고기가 익으면 달걀을 고기 위에 올린다.
❿ 달걀이 반숙 정도로 익으면 불을 끄고 잣을 얹어 낸다.

조리 Point

- 소고기는 핏물을 잘 제거하여 사용한다.
- 달걀을 얹을 때 노른자가 터지지 않도록 유의한다.

111 비빔국수

추천시간 30분

재료 및 분량

소면 70g, 소고기(살코기) 30g, 건표고버섯(지름 5cm 정도, 물에 불린 것) 1개, 석이버섯(마른 것, 1장) 5g, 오이(가늘고 곧은 것, 20cm) 1/4개, 달걀 1개, 실고추(길이 10cm 1~2줄기) 1g, 진간장 15ml, 대파(흰 부분 4cm) 1토막, 마늘(깐 것) 2쪽, 깨소금 5g, 소금(정제염) 10g, 참기름 10ml, 검은 후춧가루 1g, 흰 설탕 5g, 식용유 20ml

소고기 양념 : 진간장 1작은술, 흰 설탕 1/4작은술, 다진 파 1/2작은술, 다진 마늘 1/4작은술, 깨소금 · 참기름 · 검은 후춧가루 약간

국수 양념 : 진간장 2작은술, 흰 설탕 1/2작은술, 참기름 1작은술

만드는 법

1. 따뜻한 물에 건표고버섯, 석이버섯을 불린다.
2. 오이는 5cm 길이로 자른 후 돌려 깎고, 0.3cm 두께로 채 썰어 소금에 절인 후 물기를 짠다.
3. 파, 마늘은 곱게 다지고, 소고기는 0.3×0.3×5cm로 채 썰어 양념한다.
4. 불린 표고버섯도 소고기와 같은 크기로 채 썰어 양념한다.
5. 석이버섯을 깨끗이 손질하여 돌돌 말아 채 썰어 소금, 참기름으로 밑간을 하고, 실고추는 2cm로 끊는다.
6. 달걀은 황 · 백지단을 부쳐 0.2×0.2×5cm로 채 썰고 기름을 두른 팬에 오이 → 석이버섯 → 표고버섯 → 소고기 순으로 볶는다.
7. 국수를 삶아서 찬물에 헹군 다음 물기를 제거하고 국수 양념으로 유장처리한 후 오이, 소고기, 표고버섯을 넣고 살살 버무린다.
8. 국수를 완성그릇에 담고 황 · 백지단, 석이버섯, 실고추(가운데)를 고명으로 얹어 마무리한다.

조리 Point

- 국수를 삶을 때 찬물 1컵을 2~3번에 나눠 넣어주면 면발이 쫄깃해진다.
- 오이를 볶을 때 푸른색이 죽지 않도록 한다.
- 국수를 삶기 전 모든 재료를 손질하고 삶은 국수는 간장, 설탕, 참기름으로 유장처리한다.

112 보쌈김치

추천시간 35분

재료 및 분량

절인 배추(500g) 1/6포기, 무(3cm) 50g, 밤(생 것, 껍질 깐 것) 1개, 배(30g) 1/10개, 실파(20g) 1뿌리, 마늘(깐 것) 2쪽, 생강 5g, 미나리(줄기 부분) 30g, 갓(적겨자 대체 가능) 20g, 대추(마른 것) 1개, 석이버섯(마른 것, 잎이 넓은 것 1장) 5g, 잣(깐 것) 5개, 생굴(껍질 벗긴 것) 20g, 낙지다리(1개, 해동지급) 50g, 고춧가루 20g, 소금(정제염) 5g, 새우젓 20g

양념 : 고춧가루 1큰술, 마늘 2쪽, 생강 5g, 소금 약간, 새우젓 1/2큰술

만드는 법

❶ 절인 배추는 깨끗이 씻어 잎 부분은 보자기용으로, 줄기부분은 길이 3×3cm로 자른다.
❷ 무는 0.3×3×3cm로 썰어 소금에 살짝 절인 후 찬물에 헹구어 물기를 빼서 준비하고, 배는 무와 같은 크기로 썰어 설탕물에 담가둔다.
❸ 갓 · 실파 · 미나리는 길이 3cm로 썰고, 마늘, 생강은 채 썰고, 낙지는 소금물에 주물러 씻어서 길이 3cm로 자르고, 굴은 연한 소금물에 씻어 물기를 뺀다.
❹ 밤은 편 썰고 대추는 씨 제거 후 채 썰고, 석이버섯도 불려 채 썰고 잣은 고깔을 떼어 준비해 놓는다.
❺ 고춧가루에 물과 다진 새우젓을 섞어서 불리다가 마늘채와 생강채, 소금을 넣고 잘 버무려 양념을 만든다.
❻ ❺에 무와 배추를 버무린 후 미나리 · 갓 · 실파 · 배 · 밤 · 굴 · 낙지를 버무리면서 소금으로 간을 맞추어 소를 준비한다.
❼ 절인 배춧잎을 오목한 그릇에 겹치게 깔고 버무린 소를 놓고 그 위에(가운데) 석이버섯채, 대추채, 잣을 고명으로 얹은 후, 배춧잎 가장자리를 보기 좋게 말아 넣은 다음 내용물이 보이도록 한다.
❽ ❻번 그릇에 적량의 물을 붓고 소금으로 간을 맞추어 김치 국물을 만들어 보쌈김치 가장자리에 조심스럽게 부어낸다.

조리 Point

- 배춧잎을 말 때 양념이 묻지 않도록 주의하고, 배추를 잘 절인다.
- 김치국물은 버무린 김치 중간에 붓고 나서 나머지를 채워야 김치양념이 일정해진다.

113 채소튀김

추천시간 20분

재료 및 분량

단호박 100g, 고구마 100g, 깻잎 3장, 밀가루 150g, 달걀 1개, 식용유 500ml, 진간장 10ml, 흰 설탕 5g, 식초 10ml, 잣 2알, 키친타올(소, 18×20cm) 2장

초간장 : 진간장 2작은술, 흰 설탕 1작은술, 식초 2작은술, 잣가루

만드는 법

1. 재료를 씻어서 준비한다.
2. 깻잎은 찬물에 담가 싱싱하게 한다.
3. 고구마는 0.3cm 두께의 원형으로 썰어 찬물에 담가 전분기를 빼준다.
4. 단호박은 길이로 잘라 속과 씨를 도려내고 지급된 길이를 살려 0.3cm 두께로 자른다
5. 재료의 물기를 각각 제거한다.
6. 재료에 덧가루를 살짝 입혀 뭉치지 않도록 하고 가볍게 털어서 준비한다.
7. 잣은 고깔을 떼고 준비한 종이를 깔고 곱게 다진다.
8. 간장, 설탕, 식초로 초간장을 만들고 곱게 다진 잣가루를 위에 뿌린다.
9. 달걀을 풀어 찬물을 섞은 후 체에 내린다.
10. 차가운 달걀물에 밀가루를 1:1 비율 정도로 섞어 튀김 반죽을 만든다.
11. 튀김 온도가 160~180℃ 정도가 되면 튀김반죽을 입혀 타지 않게 튀긴다.
12. 각각 3개씩 튀겨진 채소들을 키친 타올 위에 세워서 기름기를 뺀 후 완성 그릇에 담아 초간장과 함께 곁들여 낸다.

조리 Point

- 채소들은 요구사항에 맞게 잘 자른다.
- 튀김 반죽은 묽지 않게 만든다.
- 기름의 온도를 잘 조절하고 타지 않게 완성한다.

참고문헌

국가직무능력표준, www.ncs.go.kr

NCS 학습모듈, 2019.

한국직업능력개발원, 교육부, 2014.

표준국어대사전, 국립국어연구원, 2015.

강인희, 한국식생활사, 삼영사, 1990.

강인희, 한국의 맛, 대한교과서, 1987.

농촌진흥연구원, 농촌진흥청, 2014.

신재용, 한국인의 건강식, 동화문화사, 1990.

식품재료학사전, 한국사전연구사, 1997.

신미혜 외, 한국의 전통음식, 백산출판사, 2010.

유태종, 식품보감, 문운당, 1991.

윤서석, 한국 식생활문화의 개요, 국민영향, 1988.

윤서석, 한국의 음식용어, 민음사, 1991.

윤숙경, 우리말조리어사전, 신광출판사, 1996.

윤숙자, 한국의 떡 · 한과 · 음청류, 지구문화사, 1990.

윤숙자, 한국의 혼례음식, 지구문화사, 2001.

이순옥 외, 전통음식과 조리, 효일문화사, 1997.

이효지, 한국의 음식문화, 신광출판사, 1999.

왕준련, 한국요리백과, 범한출판사, 1986.

전경철, 한식조리기능사 실기시험문제, 크라운출판사, 2020.

전경철 외, 조리기능장 실기시험문제 한식편, 크라운출판사, 2019.

정지현 외, 한국음식대관 4권, 한국문화재보호재단, 2001.

정재홍, 고품격 한과와 음청류, 형설출판사, 2003.

한복려, 집에서 만드는 궁중음식, 청림출판사, 2004.

황혜성, 궁중음식 향토음식, 홍보문화사, 1980.

황혜성, 떡 · 한과 · 식혜 · 수정과, 주부생활, 2000.

황혜성, 한국의 전통음식, 사단법인궁중음식연구원, 1993.

황혜성 외, 한국음식대관 6권, 한국문화재보호재단, 1997.

Memo

한식조리산업기사 실기시험출제문제

책속부록

한식조리산업기사 예상문제50선

대한민국 대표브랜드

국가자격 시험문제 전문출판

에듀크라운
국가자격시험문제전문출판
www.educrown.co.kr

최고의 적중률!! 최고의 합격률!!
크라운출판사
제과제빵 · 조리 등서비스서적사업부
http://www.crownbook.com

한식조리산업기사 실기시험문제는 5문제가 출제됩니다.
3문제는 한식조리기능사 실기품목에서 출제되며 2문제는 주로 한식조리기능장,
한식조리산업기사 품목에서 출제됩니다.

※ 참고

시험시간은 메뉴의 구성에 따라 다를 수 있으며, 세트 구성을 고려하여 학습하면 효율적이다.

※ 주의사항

- 밀쌈은 밀가루 전병을 만들어 사용하고 삼색밀쌈은 오이, 당근을 갈아서 즙을 내어 밀가루와 섞어 3색을 내어 사용한다.
- 북어보푸라기는 편의상 설탕, 참기름, 깨소금으로 기본 양념을 하고 흰색, 검정색, 빨간색을 소금, 간장, 고춧가루로 각각 양념하여 삼색을 만들어 완성한다.

contents

소갈비찜

양념장 : 간장 4큰술, 설탕 2큰술, 배즙 4큰술, 다진파 · 다진마늘 · 참기름 · 깨소금 · 후춧가루 약간 + 물 2컵

만드는 법

1. 소갈비
   ① 찬물에 담가 핏물 뺀다.
   ② 5cm 길이로 토막 → 1cm 간격으로 대각선 칼집 넣는다.
2. 냄비 → 소갈비 → 양념장 → 무, 당근, 표고버섯, 밤, 대추 → 끓이기 → 고명 얹어 제출한다.

더덕구이

유장 : 간장 1큰술, 참기름 3큰술

더덕 양념장 : 고추장 2큰술, 설탕 1큰술, 간장 1/5작은술, 다진파 · 다진마늘 · 깨소금 · 후춧가루 약간 + 물 1큰술

만드는 법

1. 더덕
   ① 5cm 크기로 잘라 소금물에 담근다(쓴맛 제거).
   ② 도마 위에 면포 깔고 방망이로 두들겨 얇게 편다.
2. 더덕 → 유장을 발라 초벌구이 → 더덕 양념장을 발라 굽는다.

새우전

만드는 법

새우 → 배쪽에 칼집을 넣어 잔칼집 → 소금 + 흰후춧가루 → 밀가루 → 달걀물 → 지져냄

오이생채

생채 양념 : 고춧가루 1큰술, 설탕 1/2큰술, 식초 1/2큰술, 다진파 · 다진마늘 · 깨소금 약간

만드는 법

오이(0.2cm 두께) → 소금에 절인다 → 생채양념을 한다.

육회

소고기 양념 : 소금 1작은술, 설탕 1/2작은술, 다진파 · 깨소금 · 참기름 · 후춧가루 약간

만드는 법

1. 소고기 → 채썰어 양념한다.
2. 배 → 0.3×0.3×4cm 정도 크기로 썰어 설탕물에 담근다.

감자조림

소고기 양념 : 간장 1작은술, 설탕 1/2작은술, 다진파 · 다진마늘 · 참기름 · 깨소금 · 후춧가루 약간

조림장 : 간장 2큰술, 설탕 1큰술, 다진파 · 다진마늘 · 참기름 · 깨소금 · 후춧가루 약간 + 물 1/2컵

만드는 법

1. 소고기는 3×1×0.3cm 크기로 양념을 하여 살짝 볶는다.
2. 감자를 데친다(밤 크기로 썰어 모서리 정리).
3. 냄비 → 감자 + 조림장 → 소고기, 풋고추 → 참기름
4. 완성된 접시에 실고추를 넣어 담아낸다.

너비아니구이

소고기 간장 양념장 : 간장 2큰술, 설탕 1큰술, 다진파 · 다진마늘 · 참기름 · 깨소금 · 후춧가루 약간 + 배즙 1큰술

만드는 법

1. 소고기는 4.5×5×0.5cm 크기로 자른 후 양념에 재워 둔다.
2. 굽기 → 석쇠에 굽는다.
3. 잣 → 가루 내어 구워낸 소고기 위에 뿌린다.

풋고추전

소고기 · 두부 양념 : 소금 · 설탕 · 다진파 · 다진마늘 · 깨소금 · 참기름 · 후춧가루 약간

만드는 법

1. 풋고추 → 데친다(소금물)
2. 풋고추(안쪽에 밀가루) → 소를 넣는다 → 밀가루 → 달걀옷 순으로 입혀 지진다.

무나물

무나물 양념 : 소금 1/2작은술, 다진파 · 다진마늘 약간

만드는 법

1. 무를 6 × 0.3 × 0.3cm 크기 채썰기 → 소금에 절이기 → 물기를 제거한다.
2. 볶기 : 냄비 → 식용유 → 무채 볶기 → 양념하기 → 물 4큰술 넣고 약불로 조리기 → 깨소금 + 참기름 넣어 버무린다.

북어보푸라기

공통 양념 : 참기름 1큰술, 깨소금 1작은술, 설탕 1작은술

삼색 양념

- 붉은색 –고춧가루 1작은술, 소금 1/3작은술
- 흰색 – 소금 1/3작은술
- 노란색 – 간장 1작은술

만드는 법

1. 보푸라기를 3등분한다.
2. 삼색양념을 각각 무친다.

부록 예상문제 3

구절판

밀전병 : 밀가루 5큰술, 물 5큰술, 소금 1/2작은술
소고기 · 표고버섯 양념 : 간장 1작은술, 설탕 1/2작은술, 다진파 · 다진마늘 · 깨소금 · 참기름 · 후춧가루 약간
겨자장 : 숙성된 겨자 1큰술, 식초 3큰술, 설탕 1큰술, 소금 1/3작은술, 간장 1/5작은술

만드는 법

1. 밀가루에 소금물로 반죽하여 체에 내린다.
2. 밀전병은 지름 6cm로 만든다.
3. 팬 → 황 · 백지단 → 오이 → 당근 → 석이버섯 → 표고버섯 → 소고기 순으로 볶는다.
4. 그릇 → 밀전병 → 3을 돌려담는다.

깻잎전

소고기 · 두부 양념 : 소금 · 간장 · 설탕 · 다진파 · 다진마늘 · 참기름 · 깨소금 · 후춧가루 약간
초간장 : 간장 1큰술, 식초 1/2큰술, 설탕 1/2큰술

만드는 법

1. 깻잎은 씻어 물기를 제거한다.
2. 소고기 + 두부는 곱게 다져 양념을 한다.
3. 깻잎 → 2를 얄팍하게 얹고 깻잎을 반으로 접는다.
4. 접은 깻잎에 밀가루 → 달걀물 → 지져낸다.

달걀찜

만드는 법

달걀 → 물(달걀의 약 1.5배) → 새우젓은 다져서 달걀물에 섞어 간을 맞춘다.
→ 15분간 찐다.

오이생채

생채 양념 : 고춧가루 1큰술, 설탕 1/2큰술, 식초 1/2큰술, 다진파 · 다진마늘 · 깨소금 약간

만드는 법

오이(0.2cm 두께) → 소금에 절인다 → 생채 양념을 한다.

편수

육수 : 소고기 30g, 대파 1/2대, 마늘 2개, 통후추 2개, 국간장 · 소금 약간 + 물
소고기 · 표고버섯 양념 : 간장 1큰술, 설탕 1/2큰술, 다진파 · 다진마늘 · 참기름 · 깨소금 · 후춧가루 약간
초간장 : 간장 1큰술, 설탕 1/2큰술, 식초 1큰술

만드는 법

1. 만두피 → 지름 8cm 크기의 정사각형
2. 소만들기 → 숙주, 오이, 호박, 소고기, 표고버섯
3. 만두피 → 소를 넣고 잣을 얹어 → 네 귀를 모아 네모지게 빚는다. → 찐다(10분).
4. 편수를 찬 육수에 띄우고 지단을 고명으로 얹는다.

규아상

소고기 · 표고버섯 양념 : 간장 1큰술, 설탕 1/2큰술, 다진파 · 다진마늘 · 참기름 · 깨소금 · 후춧가루 약간
초간장 : 간장 1큰술, 식초 1/2큰술, 설탕 1/2큰술

만드는 법

1. 밀가루 반죽은 0.1cm 크기로 밀어 지름 8cm 만두피를 만든다.
2. 만두소 → 오이, 소고기, 표고버섯, 잣
3. 만두피 → 소를 넣고 해삼 모양으로 주름을 잡아 가며 빚는다.
4. 만두 → 찜통에 10분간 찐다.
5. 규아상 6개와 초간장 제출

잔멸치볶음

양념장 : 간장 2큰술, 설탕 1큰술, 다진파 · 다진마늘 · 다진생강 약간

만드는 법

1. 멸치는 잔가루를 털어내고 달군 마른 팬에 살짝 볶는다.
2. 양념장 조리기
3. 멸치 → 기름 없는 팬에서 볶기 → 비린내를 제거한다.
4. 팬 → 식용유 → 멸치 → 2의 양념장 → 물엿 1큰술 → 홍고추, 깨소금, 참기름을 넣어 마무리 한다.

달걀찜

만드는 법

달걀 → 물(달걀의 약 1.5배) → 새우젓은 다져서 달걀물에 섞어 간을 맞춘다.
→ 15분간 찐다.

오이소박이

소 양념 : 고춧가루 1큰술, 다진파 · 다진마늘 · 다진생강 · 소금 약간

만드는 법

오이 → 길이 6cm로 썬 후 양끝 1cm를 남기고 열십자(+)로 칼집을 낸다.

호박전

만드는 법

1. 애호박 → 0.5cm 두께로 둥글게 통 썰어 소금을 뿌려둔다.
2. 애호박 → 밀가루를 묻히고 고기속을 넣는다. → 달걀물을 씌워 지져낸다.

깍두기

고춧가루 양념 : 고춧가루 1/2컵, 설탕 1큰술, 새우젓 3큰술, 다진마늘 1큰술, 다진생강 1/2작은술, 소금 1/4작은술

만드는 법

1. 무는 2×2cm(소금에 절인다) → 체에 건져 놓는다.
2. 생강, 마늘, 새우젓은 곱게 다진다.
3. 미나리, 실파는 4cm 길이로 자른다.
4. 무 → 고춧가루 → 설탕, 새우젓, 마늘, 생강, 소금 → 미나리, 실파를 넣어 버무린다.

사슬적

생선살 양념 : 간장 1큰술, 소금 1/4작은술, 다진파 · 다진마늘 · 다진생강 약간

초간장 : 간장 1큰술, 식초 1/2큰술, 설탕 1/2큰술

만드는 법

1. 생선살 → 7×1×0.7cm → 생선살 양념
2. 꼬지에 끼우기 : 생선살(밀가루) → 양념한 고기 → 생선살(밀가루) → 양념한 고기 → 생선살
3. 잣 → 곱게 다진다.

도라지생채

생채 양념 : 고추장 1큰술, 고춧가루 1/3큰술, 설탕 1/2큰술, 식초 1/2큰술, 다진파 · 다진마늘 · 깨소금 약간

만드는 법

1. 도라지 → 0.3×0.3×6cm 크기로 썰어 소금물에 담가 쓴맛을 뺀다.
2. 1의 도라지에 생채 양념으로 버무린다.

된장찌개

소고기 양념 : 간장 1/2큰술, 다진파 · 다진마늘 · 참기름 · 후춧가루 약간

된장육수 : 쌀뜨물(물) 3컵, 된장 2큰술, 고춧가루 1작은술, 다진마늘 1/2작은술

만드는 법

냄비 → 소고기 → 된장육수 → 호박 + 표고버섯 → 두부 → 고추 + 파 → 끓인다.

화전

시럽 : 설탕 5큰술, 물 5큰술

만드는 법

1. 찹쌀가루 → 체에 내린 후 익반죽(소금물)
2. 팬에 식용유 → 화전 모양을 만든다(이때 불은 켜지 않도록 한다).
3. 화전 모양을 다 만들면 팬에 불을 켜서 약불로 서서히 익힌다.
4. 고명 → 대추 + 쑥갓
5. 화전 → 시럽을 끼얹어 제출한다.

깍두기

고춧가루 양념 : 고춧가루 1/2컵, 설탕 1큰술, 새우젓 3큰술, 다진마늘 1큰술, 다진생강 1/2작은술, 소금 1/4작은술

만드는 법

1. 무는 2×2cm(소금에 절인다) → 체에 건져 놓는다.
2. 생강, 마늘, 새우젓은 곱게 다진다.
3. 미나리, 실파는 4cm 길이로 자른다.
4. 무 → 고춧가루 → 설탕, 새우젓, 마늘, 생강, 소금 → 미나리, 실파를 넣어 섞는다.

도라지정과

시럽 : 물 1컵, 설탕 2큰술, 물엿 1큰술, 꿀 1/3큰술

만드는 법

1. 도라지 → 껍질을 벗기기 → 자르고 쓴맛 제거 → 소금물 데치기
2. 시럽 만들어 조리기 : 냄비 → 물(1컵) + 도라지 + 설탕(2큰술) 넣어 끓어오르면 → 약불 → 은근하게 조린다 → 물엿(1큰술) → 꿀(1/3큰술) → 윤기 나게 조린다.

양파전

소고기 · 두부 양념 : 소금 · 다진파 · 다진마늘 · 참기름 · 깨소금 · 후춧가루 약간

초간장 : 간장 1큰술, 식초 1/2큰술, 설탕 1/2큰술

만드는 법

양파 → 속을 떼내어 둥근 구멍(밀가루) → 소 넣기 → 밀가루, 달걀물 입혀 지진다.

된장찌개

소고기 양념 : 간장 1/2큰술, 다진파 · 다진마늘 · 참기름 · 후춧가루 약간

된장육수 : 쌀뜨물(물) 3컵, 된장 2큰술, 고춧가루 1작은술, 다진마늘 1/2작은술

만드는 법

냄비 → 소고기 → 된장육수 → 호박 + 표고버섯 → 두부 → 고추 + 파 → 끓인다.

사슬적

생선살 양념 : 간장 1큰술, 소금 1/4작은술, 다진파 · 다진마늘 · 다진생강 약간

초간장 : 간장 1큰술, 식초 1/2큰술, 설탕 1/2큰술

만드는 법

1. 생선살 → 7×1×0.7cm → 생선살 양념
2. 꼬지에 끼우기 : 생선살(밀가루) → 양념한 고기 → 생선살(밀가루) → 양념한 고기 → 생선살
3. 잣 → 곱게 다진다.

깍두기

고춧가루 양념 : 고춧가루 1/2컵, 설탕 1큰술, 새우젓 3큰술, 다진마늘 1큰술, 다진생강 1/2작은술, 소금 1/4작은술

만드는 법

1. 무는 2×2cm(소금에 절인다) → 체에 건져 놓는다.
2. 생강, 마늘, 새우젓은 곱게 다진다.
3. 미나리, 실파는 4cm 길이로 자른다.
4. 무 → 고춧가루 → 설탕, 새우젓, 마늘, 생강, 소금 → 미나리, 실파

만둣국

육수 : 소고기, 대파, 마늘, (국간장 1작은술, 소금 약간) + 물

만두소 양념 : 소금 1/2작은술, 다진파 · 다진마늘 · 참기름 · 깨소금 · 후춧가루 약간

만드는 법

1. 만두피는 밀가루 + 소금물로 반죽 → 8cm 크기로 둥글게 민다.
2. 만두소는 숙주 + 다진 소고기 + 김치 + 두부 → 만두소 양념을 한다.
3. 고명은 황 · 백지단 + 미나리초대 → 마름모꼴로 자른다.

장떡

만드는 법

1. 풋고추, 홍고추 → 통썰기
2. 반죽하기 : 된장 + 고추장 + 찹쌀가루 → 풋고추, 홍고추, 다진파, 다진마늘, 깨소금, 참기름
3. 기름을 두른 팬에 지름 5cm 정도로 둥글게 지져서 낸다.

오이선

소고기 · 표고버섯 양념 : 간장 1큰술, 설탕 1/2큰술, 다진파 · 다진마늘 · 참기름 · 깨소금 · 후춧가루 약간

단촛물 : 식초 1큰술, 설탕 1큰술, 물 1큰술, 소금 1/3작은술

만드는 법

1. 오이 → 반갈라서 푸른 부분이 4cm가 되도록 어슷썰어 칼집을 세 번 넣는다.
2. 제출 직전에 단촛물을 끼얹어 낸다.

어채

생선 밑간 : 생강즙 1작은술, 청주 1큰술, 소금 1/2작은술, 흰후춧가루 1/8작은술

초고추장 : 고추장 2큰술, 간장 1/2작은술, 식초 1/2큰술, 설탕 1/2큰술, 마늘즙 1작은술, 생강즙 1/2작은술 + 잣가루 1작은술

만드는 법

(녹말 묻힌다 → 끓는 물에 넣어 익힌다 → 찬물에 헹군다.) → 2~3회 반복한다.

깻잎전

소고기 · 두부 양념 : 소금 · 설탕 · 간장 · 다진파 · 다진마늘 · 참기름 · 깨소금 · 후춧가루 약간

초간장 : 간장 1큰술, 식초 1/2큰술, 설탕 1/2큰술

만드는 법

1. 깻잎은 씻어 물기를 제거한다.
2. 소고기 + 두부는 곱게 다져 양념을 한다.
3. 깻잎 → 2를 얄팍하게 얹고 깻잎을 반으로 접는다.
4. 접은 깻잎에 밀가루 → 달걀물 → 지져낸다.

두부조림

두부조림 양념장 : 간장 1큰술, 설탕 1/2큰술, 다진파 · 다진마늘 · 참기름 · 깨소금 · 후춧가루 약간 + 물 70ml

만드는 법

1. 두부 → 4.5×3×1cm 크기로 썬다(소금, 후춧가루). → 팬에서 지진다.
2. 대파, 실고추 → 2cm로 채썬다.
3. 두부를 조림 양념장에 넣고 조린다. → 고명을 얹어 낸다.
4. 완성된 두부가 촉촉하게 보이도록 국물을 끼얹어 낸다.

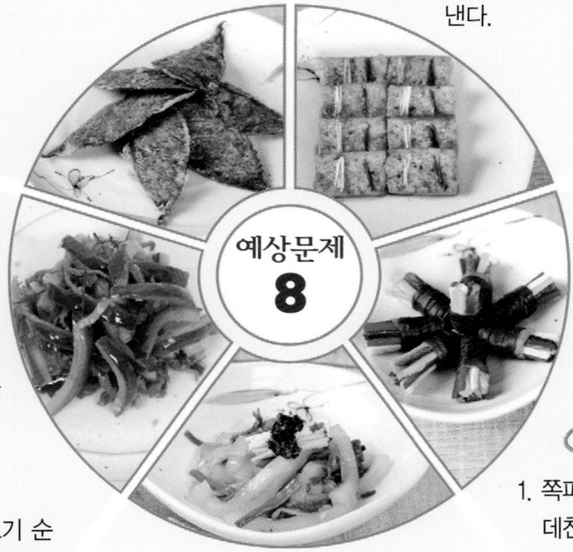

오이숙장아찌

소고기 · 표고버섯 양념 : 간장 1큰술, 설탕 1작은술, 다진파 · 다진마늘 · 참기름 · 깨소금 · 후춧가루 약간

만드는 법

팬 → 오이 → 표고버섯 → 고기 순으로 각각 볶는다(참기름, 깨소금, 실고추).

파강회

초고추장 : 고추장 1큰술, 식초 1큰술, 설탕 1/2큰술, 간장 1작은술

만드는 법

1. 쪽파 → 길이 10cm → 소금물에 데친다.
2. 파강회 말기 : 황 · 백지단 + 쇠고기 + 홍고추(각 2개씩) → 실파로 이음새부분이 보이지 않게 만다.

탕평채

소고기 양념 : 간장 1작은술, 설탕 1/2작은술, 다진파 · 다진마늘 · 참기름 · 깨소금 · 후춧가루 약간

숙주 · 미나리 · 청포묵 밑간 : 소금 · 참기름 약간

초간장 : 간장 1큰술, 설탕 1작은술, 식초 1큰술

만드는 법

1. 청포묵 → 0.4×0.4×6cm 크기로 썬다. → 데친다. → 밑간한다(소금 + 참기름).
2. 숙주, 미나리 → 데친 후 밑간, 소고기 → 양념 후 볶는다.
3. 고명 → 황 · 백지단 + 김

꽃게찜

소 양념 : 소금 2/3작은술, 생강즙 · 다진파 · 다진마늘 · 참기름 · 깨소금 · 후춧가루 약간

만드는 법

1. 꽃게만들기 : 게껍질 안쪽 → 식용유 바르기 → 밀가루 묻히기 → 소 넣기 → 밀가루 바르기 → 찜솥에서 15분간 찌기
2. 고명 → 풋고추, 홍고추, 석이버섯, 황 · 백지단

사슬적

생선살 양념 : 간장 1큰술, 소금 1/4작은술, 다진파 · 다진마늘 · 다진생강 약간

초간장 : 간장 1큰술, 식초 1/2큰술, 설탕 1/2큰술

만드는 법

1. 생선살 → 7×1×0.7cm → 생선살 양념
2. 꼬치에 끼우기 : 생선살(밀가루) → 양념한 고기 → 생선살(밀가루) → 양념한 고기 → 생선살
3. 잣 → 곱게 다진다.

두부젓국찌개

만드는 법

물 300ml + 새우젓국 → 소금 → 두부 → 굴, 홍고추, 마늘, 실파 → 불을 끄고 참기름 1~2방울 떨어 뜨려 완성한다.

무생채

무생채 양념 : 식초 1큰술, 설탕 1큰술, 소금 1/3작은술, 다진파 · 다진마늘 · 다진생강 · 깨소금 약간

만드는 법

1. 무 → ① 0.2×0.2×6cm 크기로 채썬다.
   ② 채썬 무에 고춧가루를 넣어 색을 들인다.
2. 무생채 양념 → 채썬 무 섞어 버무려서 낸다.

오이선

소고기 · 표고버섯 양념 : 간장 1큰술, 설탕 1/2큰술, 다진파 · 다진마늘 · 참기름 · 깨소금 · 후춧가루 약간

단촛물 : 식초 1큰술, 설탕 1큰술, 물 1큰술, 소금 1/3작은술

만드는 법

1. 오이 → 반갈라서 푸른 부분이 4cm가 되도록 어슷썰어 칼집을 세 번 넣는다.
2. 제출 직전에 단촛물을 끼얹어 낸다.

무생채

무생채 양념 : 식초 1큰술 ,설탕 1큰술, 소금 1/3작은술, 다진파 · 다진마늘 · 다진생강 · 깨소금 약간

만드는 법

1. 무 → ① 0.2×0.2×6cm 크기로 채썬다.
   ② 채썬 무에 고춧가루를 넣어 색을 들인다.
2. 무생채 양념 → 채썬 무를 섞어 버무려서 낸다.

밀쌈

소고기 · 표고버섯 양념 : 간장 · 설탕 · 다진파 · 다진마늘 · 참기름 · 깨소금 · 후춧가루 약간

밀전병 : 밀가루 1/2컵, 물 1/2컵, 소금 1작은술

겨자초간장 : 발효겨자 1작은술, 식초 1큰술, 설탕 1큰술, 소금 1/3작은술, 간장 1/6작은술

만드는 법

1. 밀가루는 소금물로 묽게 개어 밀전병을 넓고 얇게 부친다
2. 밀전병 → 당근, 오이, 죽순, 소고기, 표고버섯 → 지름 2cm 정도로 말아서 4cm 길이로 썬다.

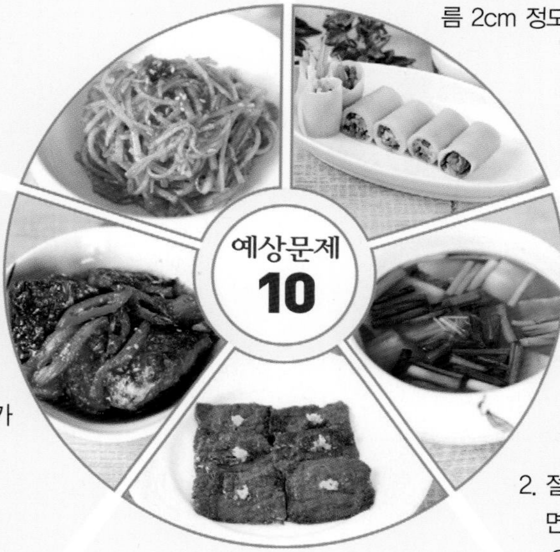

삼치조림

조림 양념장 : 간장 3큰술, 설탕 1큰술, 고춧가루 2큰술, 청주 1큰술, 다진파 · 다진마늘 · 다진생강 · 깨소금 · 후춧가루 약간 + 물1컵

만드는 법

1. 삼치 손질
2. 냄비 → 무 + 삼치 + 양파 + 양념장 + 대파 + 풋 · 홍고추

나박김치

만드는 법

1. 국물 만들기
   물을 끓여 식힌다. → 고춧가루를 우려 내어 색을 낸다.
2. 절여진 무, 배추 → 물기 제거 → 면포의 고춧물을 톡톡 두드려 색을 들인다.
3. 재료 → 국물을 부어 소금으로 간하고 실고추를 띄워 낸다.

너비아니구이

소고기 간장 양념장 : 간장 2큰술, 설탕 1큰술, 다진파 · 다진마늘 · 참기름 · 깨소금 · 후춧가루 약간 + 배즙 1큰술

만드는 법

1. 소고기는 4.5×5×0.5cm 크기로 자른 후 양념에 재워 둔다.
2. 굽기 → 석쇠에 굽는다.
3. 잣 → 가루 내어 구워낸 소고기 위에 뿌린다.

북어보푸라기

공통 양념 : 참기름 1큰술, 깨소금 1작은술, 설탕 1작은술
삼색 양념 :
- 붉은색 –고춧가루 1작은술, 소금 1/3작은술
- 흰색 – 소금 1/3작은술
- 노란색 – 간장 1작은술

만드는 법

1. 보푸라기를 3등분한다.
2. 삼색양념을 각각 무친다.

다시마 매듭자반

만드는 법

1. 다시마
   ① 젖은 면포로 5분 정도 씌워서 둔다.
   ② 1× 8cm 크기로 자르고 양끝을 V자로 잘라준다.
   ③ 한줄씩 매듭을 짓고, 매듭 사이에 잣과 통후춧가루를 한알씩 넣어서 빠지지 않게 잘 당긴다.
2. 1의 다시마를 식용유에 바삭하게 튀겨 설탕을 뿌린다.

명란젓찌개

소고기 양념 : 국간장 1/2작은술, 다진파 · 다진마늘 · 참기름 · 후춧가루 약간

만드는 법

소고기 + 소고기 볶은 국물 + 무 → 명란젓, 두부, 쪽파 → 새우젓 + 소금 → 참기름 1~2방울을 넣는다.

나박김치

만드는 법

1. 국물 만들기 : 물을 끓여 식힌다. → 고춧가루를 우려 내어 색을 낸다.
2. 절여진 무, 배추 → 물기제거 → 면포의 고춧물을 톡톡 두드려 색을 들인다.
3. 재료 → 국물을 부어 소금으로 간하고 실고추를 띄워 낸다.

장국죽

소고기 · 표고버섯 양념 : 간장 1작은술, 다진파 · 다진마늘 · 참기름 · 후춧가루 약간

만드는 법

1. 불린 쌀 → 쌀알이 반으로 쪼개어 지도록 부순다.
2. 불린 쌀의 분량의 6배의 물을 준비한다.
3. 냄비 → 참기름 → 표고버섯, 소고기 → 불린 쌀 → 끓인다(강불 → 중불 → 약불).

대합찜

대합 소 양념 : 소금 2/3작은술, 다진파 · 다진마늘 · 생강즙 · 참기름 · 깨소금 · 후춧가루 약간

만드는 법

1. 대합은 해감 후 데친다. → 대합살을 곱게 다진다.
2. 대합 껍질(안쪽에 식용유 + 밀가루) → 소 채워넣기 → 밀가루 + 노른자 입혀 찜속에서 15분간 찐다.
3. 고명 → 찐 대합 위에 홍고추, 풋고추, 황 · 백지단, 석이버섯 얹어 제출한다.

밀쌈

소고기 · 표고버섯 양념 : 간장 · 설탕 · 다진파 · 다진마늘 · 참기름 · 깨소금 · 후춧가루 약간

밀전병 : 밀가루 1/2컵, 물 1/2컵, 소금 1작은술

겨자초간장 : 발효겨자 1작은술, 식초 1큰술, 설탕 1큰술, 소금 1/3작은술, 간장 1/6작은술

만드는 법

1. 밀가루는 소금물로 묽게 개어 밀전병을 넓고 얇게 부친다.
2. 밀전병 → 당근, 오이, 죽순, 소고기, 표고버섯 → 지름 2cm 정도로 말아서 4cm 길이로 썬다.

도라지생채

생채 양념 : 고추장 1큰술, 고춧가루 1/3큰술, 설탕 1/2큰술, 식초 1/2큰술, 다진파 · 다진마늘 · 깨소금 약간

만드는 법

1. 도라지 → 0.3×0.3×6cm 크기로 썰어 소금물에 담가 쓴맛을 뺀다.
2, 1의 도라지에 생채 양념으로 버무린다.

나박김치

만드는 법

1. 국물 만들기
   물을 끓여 식힌다. → 고춧가루를 우려 내어 색을 낸다.
2. 절여진 무, 배추 → 물기 제거 → 면보의 고춧물을 톡톡 두드려 색을 들인다.
3. 재료에 국물을 부어 소금으로 간하고 실고추를 띄워 낸다.

호박죽

만드는 법

1. 늙은 호박 → 얇게 썰어서 삶은 다음 으깨어 체에 내린다.
2. 찹쌀가루 → 물에 개어서 준비한다. → 새알심을 만든다.
3. 호박물을 눌지 않게 저으면서 → 2를 부으면서 젓는다. → 삶아 놓은 팥을 넣고 은근히 끓인다. → 간을 한다(소금 + 설탕).

조리 Point

으스러지도록 푹 삶아내야 체에 거르기 쉽다.

나박김치

만드는 법

1. 국물 만들기
   물을 끓여 식힌다. → 고춧가루를 우려 내어 색을 낸다.
2. 절여진 무, 배추 → 물기 제거 → 면포의 고춧물을 톡톡 두드려 색을 들인다.
3. 재료 → 국물을 부어 소금으로 간하고 실고추를 띄워 낸다.

죽순채

죽순 · 숙주 · 미나리양념 : 소금 · 참기름 약간
소고기 · 표고버섯 양념 : 간장 1큰술, 설탕 1/2큰술, 다진파 · 다진마늘 · 깨소금 · 참기름 · 후춧가루 약간
초간장 : 간장 1/2큰술, 식초 1/2큰술, 설탕 1큰술, 소금 1/2작은술, 깨소금 1작은술

만드는 법

1. 죽순 → 빗살 모양으로 썬다. → 데친다. → 볶는다(소금 + 참기름).
2. 고명 → 황 · 백지단

두부젓국찌개

만드는 법

물 300ml + 새우젓국 → 소금 → 두부 → 굴, 홍고추, 마늘, 실파 → 불을 끄고 참기름 1~2방울 떨어 뜨려 완성한다.

생선전

만드는 법

생선손질(3장뜨기) → 소금 + 흰후춧가루 밑간 → 밀가루 → 달걀물 입혀 지진다.

소고기 장조림

조림장 : 간장 3큰술, 설탕 1 1/2큰술, 국간장 1큰술, 청주 1큰술 + 소고기 육수 3컵

만드는 법

소고기 → 핏물 빼기 → 삶기 → 찢기 → 메추리알, 꽈리고추, 통마늘, 소고기 넣어 조린다.

나박김치

만드는 법

1. 국물 만들기
   물을 끓여 식힌다. → 고춧가루를 우려 내어 색을 낸다.
2. 절여진 무, 배추 → 물기 제거 → 면포의 고춧물을 톡톡 두드려 색을 들인다.
3. 재료 → 국물을 부어 소금으로 간하고 실고추를 띄워 낸다.

비빔밥

약고추장 : 고추장 1큰술, 설탕 1큰술, 물 1큰술, 다진 소고기 약간

만드는 법

1. 청포묵은 0.5×0.5×5cm 크기로 썰어 데친 후 밑간(소금 + 참기름)한다.
2. 소고기
   ① 일부는 채 썰어서 양념하여 볶는다.
   ② 일부는 다져서 약고추장에 넣는다.
3. 다시마 → 기름에 볶아 잘게 부수어 놓는다.

시금치 된장국

소고기 양념 : 간장 1작은술, 다진마늘 · 다진파 · 참기름 · 후춧가루 약간

만드는 법

쌀뜨물 → 된장, 고추장 → 시금치, 대파, 마늘 → 간장, 소금

오이생채

생채 양념 : 고춧가루 1큰술, 설탕 1/2큰술, 식초 1/2큰술, 다진파 · 다진마늘 · 깨소금 약간

만드는 법

오이(0.2cm 두께) → 소금에 절인다. → 생채 양념과 버무린다.

장산적

소고기 · 두부 양념 : 소금 1작은술, 설탕 1/2작은술, 다진파 · 다진마늘 · 참기름 · 깨소금 · 후춧가루 약간

조림장 : 간장 5큰술, 설탕 3큰술, 생강편, 마늘편, 대파 1/2대 + 물 3큰술

만드는 법

소고기, 두부 → 다진 후 섞어 양념한다. → 굽는다. → 2cm 크기로 만든다. → 조림장 양념에 조린다. → 잣가루 뿌려 낸다.

너비아니구이

소고기 간장 양념장 : 간장 2큰술, 설탕 1큰술, 다진파 · 다진마늘 · 참기름 · 깨소금 · 후춧가루 약간 + 배즙 1큰술

만드는 법

1. 소고기는 4.5×5×0.5cm 크기로 자른 후 양념에 재워 둔다.
2. 굽기 → 석쇠에 굽는다.
3. 잣 → 가루 내어 구워낸 소고기 위에 뿌린다.

두부선

전체 양념 : 소금 1/2작은술, 다진파 · 다진마늘 · 참기름 · 깨소금 · 후춧가루 약간

고명 : 황 · 백지단, 표고버섯, 실고추, 석이버섯, 비늘잣

초간장 : 간장 1큰술, 식초 1/2큰술, 설탕 1/2큰술

만드는 법

1. 전체 양념 → 두부 + 닭고기 + 홍고추 + 풋고추
2. 젖은 면포 → 두께 1cm 크기로 네모지게 고루 펴기 → 고명 얹기 → 찌기

장김치

만드는 법

배추, 무 절인다(간장). → 물2컵 + 절였던 간장 3큰술 + 소금 + 설탕 → 준비된 재료를 넣는다.

콩나물밥

소고기 양념 : 간장 1작은술, 다진파 · 다진마늘 · 참기름 · 후춧가루 약간

만드는 법

1. 콩나물 → 껍질, 꼬리를 뗀다.
2. 소고기 → 채썰어 양념
3. 밥하기
   냄비 → 불린 쌀 → 소고기 + 콩나물

잡채

당면 유장 양념 : 간장 1큰술, 설탕 1/2큰술, 참기름 1큰술

소고기 · 표고버섯 · 목이버섯 양념 : 간장 1작은술, 설탕 1/2큰술, 다진파 · 다진마늘 · 참기름 · 깨소금 · 후춧가루 약간

만드는 법

1. 당면 → 찬물에 불린다. → 삶는다(소금 + 식용유). → 유장양념
2. 팬 → 기름 → 당면 → 모든 재료 → 고명 얹는다(황 · 백지단).

느타리버섯나물

느타리버섯 양념 : 소금 1/3작은술, 다진파 · 다진마늘 · 참기름 · 깨소금 약간

소고기 양념 : 간장 1/2작은술, 설탕 1/4작은술, 다진파 · 다진마늘 · 참기름 · 깨소금 · 후춧가루 약간

만드는 법

1. 느타리버섯은 소금물에 데쳐 손으로 찢어서 양념한다.
2. 팬 → 기름 → 피망 → 소고기 넣은 후 각각 볶는다(깨소금 + 참기름).

북어구이

유장 : 참기름 1큰술, 간장 1작은술

고추장양념 : 고추장 1큰술, 설탕 1/2큰술, 다진파 · 다진마늘 · 깨소금 · 후춧가루 약간

만드는 법

1. 북어포 손질하기
   ① 지느러미, 검은 막, 머리 제거
   ② 북어포 → 물에 잠깐 불린 후 물기를 눌러 짠다.
   ③ 뼈를 제거 후 6cm로 토막 내어 껍질 부분에 칼집을 넣는다.
2. 유장 발라 애벌구이한 다음 고추장 양념을 발라 굽는다.

소고기 장조림

조림장 : 간장 3큰술, 설탕 1 1/2큰술, 국간장 1큰술, 청주 1큰술 + 소고기 육수 3컵

만드는 법

소고기 → 핏물 빼기 → 삶기 → 찢기 → 메추리알, 꽈리고추, 통마늘, 소고기 넣어 조리기

오이소박이

소 양념 : 고춧가루 1큰술, 다진파 · 다진마늘 · 다진생강 · 소금 약간

만드는 법

오이 → 길이 6cm로 썬 후 양끝 1cm를 남기고 열십자(+)로 칼집을 내어 소양념을 넣는다.

더덕생채

더덕 양념장 : 고춧가루 1큰술, 식초 1/2큰술, 설탕 1/2큰술, 소금 1/3작은술, 다진파 · 다진마늘, 깨소금 약간

만드는 법

1. 더덕은 길이 5cm로 썰고 얇게 편 썰어 소금물에 담군다.
2. 물기 제거 후 가늘게 찢는다.
3. 양념장을 만들어 버무려 담아낸다.

죽순채

죽순 · 숙주 · 미나리 양념 : 소금 · 참기름 약간
소고기 · 표고버섯 양념 : 간장 1큰술, 설탕 1/2큰술, 다진파 · 다진마늘 · 깨소금 · 참기름 · 후춧가루 약간
초간장 : 간장 1/2큰술, 식초 1/2큰술, 설탕 1큰술, 소금 1/2작은술, 깨소금 1작은술

만드는 법

1. 죽순 → 빗살 모양으로 썬다. → 데친다. → 볶는다(소금 + 참기름).
2. 고명 → 황 · 백지단

지짐누름적

소고기 · 표고버섯 양념 : 간장 1큰술, 설탕 1/2큰술, 다진파 · 다진마늘 · 참기름 · 깨소금 · 후춧가루 약간

만드는 법

1. 당근, 도라지 → 6×1×0.5cm 크기로 썰어 데친다.
2. 팬에 기름을 두르고 도라지 → 당근 → 표고버섯 → 소고기 순으로 볶는다.
3. 꼬챙이에 순서대로 꽂은 후 밀가루를 바르고 달걀물을 묻혀 지져낸다.

어알탕

장국용 소고기양념 : 간장 · 다진파 · 다진마늘 · 참기름 · 깨소금 후춧가루 약간
생선완자 양념 : 소금 · 생강즙 · 다진파 · 다진마늘 · 참기름 · 흰후춧가루 약간

만드는 법

생선 → 곱게 다져서 양념(녹말가루) → 잣을 하나씩 넣어 지름 1.5cm 크기의 완자로 빚는다. → 찐다.

미나리강회

초고추장 : 고추장 1큰술, 설탕 1/2큰술, 식초 1/2큰술, 물 1큰술

만드는 법

1. 편육 → 백지단 → 황지단 → 홍고추 순으로 놓고 미나리로 돌려 감는다.
2. 초고추장을 종지에 담아낸다.

닭찜

닭고기 양념장 : 간장 2큰술, 설탕 1큰술, 다진파 · 다진마늘 · 다진생강 · 참기름 · 깨소금 · 후춧가루 약간 + 물 140ml

만드는 법

1. 닭은 4~5cm 크기로 잘라 물에 데친다.
2. 닭찜 만들기
양념장 → 닭, 당근, 양파, 표고버섯 넣고 윤기 나게 조려낸다.

대추초 · 밤초

대추초 – 만드는 법

1. 대추는 돌려깎기 하여 씨를 뺀다.
2. 대추 안쪽에 꿀을 바른다. → 잣을 3~4개 채워 말아서 오므린다.
3. 냄비 → 대추, 꿀 3큰술을 넣고 조린다.
4. 조려진 대추 → 양쪽 끝에 잣을 박아 담아낸다.

밤초 – 만드는 법

1. 밤은 모양내어 깎은 후 끓는 소금물에 데친다.
2. 조리기
   냄비 → 밤, 꿀(2큰술)을 넣고 서서히 조린다.

배추겉절이

겉절이 양념 : 고춧가루 2큰술, 설탕 1큰술, 간장 1작은술, 다진 새우젓 1작은술, 다진파 · 다진마늘 · 다진생강 · 깨소금 약간

만드는 법

1. 배추 → 절인다(굵은 소금). → 씻어 건져서 물기를 빼고 먹기 좋은 크기로 찢어 놓는다.
2. 1에 겉절이 양념을 하여 버무린다.
3. 내기 직전에 참기름을 넣고 그릇에 담는다.

수란

만드는 법

수란기(안쪽에 참기름) → 수란기 데우기(소금+식초) → 익히기 → 침수한다.

수정과

만드는 법

1. 통계피 + 물 2컵, 생강 + 물 2컵 → 각각 1컵이 될 때까지 끓인다.
2. 통계피물 1컵 + 생강물 1컵 → 황설탕(4큰술)넣고 1컵이 될 때까지 끓인다.
3. 곶감 씨 제거 → 호두(껍질 제거) → 말아서 → 1cm 두께로 썬다.
4. 2에 3과 잣을 띄워 낸다.

칼국수

표고버섯 양념 : 간장 · 설탕 · 참기름 약간
육수 : 진간장 1작은술, 소금 약간

만드는 법

1. 반죽하여 숙성시킨다.
2. 멸치 → 육수(진간장 + 소금)
3. 국수와 국물(1 : 2)을 담고 표고버섯, 호박, 실고추를 얹어낸다.

더덕생채

더덕 양념장 : 고춧가루 1큰술, 식초 1/2큰술, 설탕 1/2큰술, 소금 1/3작은술, 다진파 · 다진마늘 · 깨소금 약간

만드는 법

1. 더덕은 길이 5cm로 썰고 얇게 편 썰어 소금물에 담근다.
2. 물기 제거 후 가늘게 찢는다.
3. 양념장을 만들어 버무려 담아낸다.

뱅어포구이

구이 양념장 : 고추장 2큰술, 물엿 1큰술, 설탕 1큰술, 간장 1/2작은술, 다진파 · 다진마늘 · 깨소금 · 참기름 · 후춧가루 약간

만드는 법

1. 구이 양념장을 만든다.
2. 뱅어포는 티를 골라낸다.
3. 뱅어포 한 면에 양념장을 골고루 발라서 잠시 두어 마르게 한다.
4. 달군 팬 → 식용유 → 약불에서 서서히 뱅어포를 굽는다.
5. 식으면 4×2cm 크기로 썰어서 담아낸다.

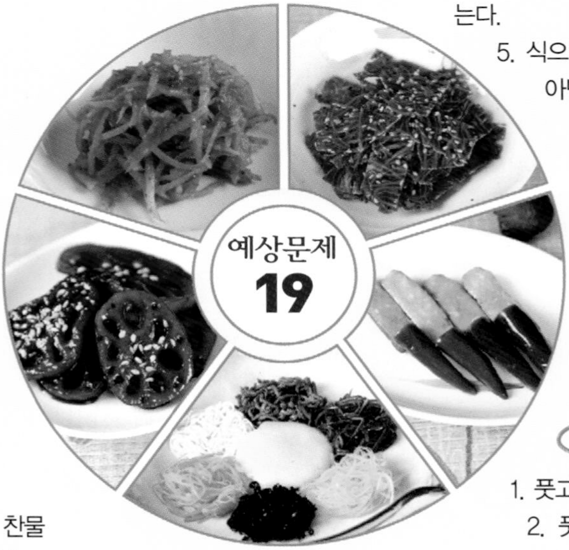

연근조림

조림장 : 간장 3큰술, 설탕 2큰술, 양파 20g, 마늘 2개, 대파 1/2대, 생강 1/2개, 홍고추 1개, 통후추 3개 + 물 1컵

만드는 법

연근 → 식초물에 담군다. → 찬물에서 부터 삶는다. → 조림장 넣어 조린다.

풋고추전

소고기 · 두부 양념 : 소금 · 설탕 · 다진파 · 다진마늘 · 깨소금 · 참기름 · 후춧가루 약간

만드는 법

1. 풋고추 → 데친다(소금물).
2. 풋고추(안쪽에 밀가루) → 소를 넣는다. → 밀가루 → 달걀옷 순으로 입혀 지진다.

칠절판

소고기 양념 : 간장 1큰술, 설탕 1/2큰술, 다진파 · 다진마늘 · 참기름 · 깨소금 · 후춧가루 약간
밀전병 : 밀가루 5큰술, 물 5큰술, 소금 1/2작은술

만드는 법

1. 밀전병 : 밀가루 + 물 + 소금 → 체에 내린다. → 직경 6cm로 밀전병을 지져낸다.
2. 중앙에 밀전병을 놓고 6가지의 재료들을 색색이 돌려 담는다.

더덕생채

더덕 양념장 : 고춧가루 1큰술, 식초 1/2큰술, 설탕 1/2큰술, 소금 1/3작은술, 다진파 · 다진마늘 · 깨소금 약간

만드는 법

1. 더덕은 길이 5cm로 썰고 얇게 편 썰어 소금물에 담근다.
2. 물기 제거 후 가늘게 찢는다.
3. 양념장을 만들어 버무려 담아낸다.

생선양념구이

유장 : 참기름 1작은술, 간장 2작은술

고추장 양념 : 고추장 1큰술, 설탕 1/2큰술, 다진파 · 다진마늘 · 깨소금 · 후춧가루 약간

만드는 법

1. 생선손질 → 아가미로 내장을 제거한다.
2. 유장 발라 굽기(거의 익히기) → 양념장 발라 굽기

호두간장조림

조림장 : 간장 2큰술, 설탕 1큰술, 꿀 1큰술 + 물 1/2컵

만드는 법

1. 호두 → 속껍질 벗긴다(미지근한 물에 담궈서).
2. 팬 → 기름 → 호두를 볶는다. → 조림장 → 꿀 1큰술 → 잣과 참기름을 넣어 마무리한다.

호박선

만드는 법

1. 호박 → 길이로 반을 갈라서 푸른 부분이 4cm가 되게 어슷썰어 1cm 간격으로 3번 칼집을 넣은 다음 소금물에 절인다.
2. 호박 → 소고기 + 표고버섯 + 당근 끼운 후 익힌다.
3. 고명 → 황 · 백지단, 석이버섯, 실고추, 잣

탕평채

소고기 양념 : 간장 1작은술, 설탕 1/2작은술, 다진파 · 다진마늘 · 참기름 · 깨소금 · 후춧가루 약간

숙주 · 미나리 · 청포묵 밑간 : 소금 · 참기름 약간

초간장 : 간장 1큰술, 설탕 1작은술, 식초 1큰술

만드는 법

1. 청포묵 → 0.4×0.4×6cm 크기로 썬다. → 데친다. → 밑간한다(소금 + 참기름).
2. 숙주, 미나리 → 데친 후 밑간, 소고기 → 양념 후 볶는다.
3. 고명 → 황 · 백지단 + 김

더덕생채

더덕 양념장 : 고춧가루 1큰술, 식초 1/2큰술, 설탕 1/2큰술, 소금 1/3작은술, 다진파 · 다진마늘 · 깨소금 약간

만드는 법

1. 더덕은 길이 5cm로 썰고 얇게 편 썰어 소금물에 담근다.
2. 물기 제거 후 가늘게 찢는다.
3. 양념장을 만들어 버무려 담아낸다.

죽순찜

소고기 · 표고버섯 양념 : 간장 · 설탕 · 다진파 · 다진마늘 · 참기름 · 깨소금 · 후춧가루 약간

만드는 법

1. 죽순은 반으로 갈라 씻은 뒤 등쪽에 어슷하게 칼집을 3회 넣는다.
2. 냄비에 물을 부어 국간장으로 간을 맞춘 후 죽순을 넣고 찐다.
3. 고명 → 황 · 백지단, 석이버섯, 실고추

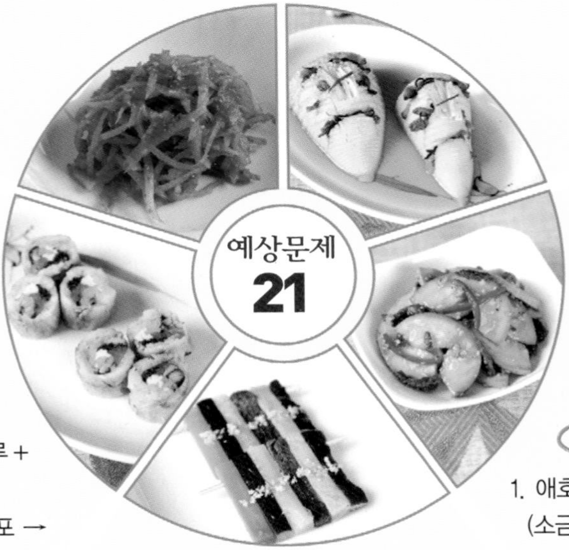

어선

표고버섯 양념 : 간장 · 설탕 · 참기름 약간

만드는 법

1. 생선살 → 소금 + 흰후춧가루 + 생강즙으로 밑간한다.
2. 도마 위에 김발 → 젖은 면포 → 생선살 순으로 놓는다.

애호박눈썹나물

소고기 양념 : 간장, 설탕, 다진파, 다진마늘, 참기름, 깨소금, 후춧가루 약간

만드는 법

1. 애호박은 0.3cm 두께의 눈썹모양(소금물)으로 썬다.
2. 팬 → 소고기 → 애호박, 다진파, 다진마늘, 홍고추 → 볶는다.

화양적

소고기 양념 : 간장 1큰술, 설탕 1/2작은술, 다진파 · 다진마늘 · 참기름 · 깨소금 · 후춧가루 약간

만드는 법

1. 도라지, 당근 → 6×1×0.6cm 크기로 썰어 데친다.
2. 팬 → 황지단 → 도라지 → 당근 → 오이 → 표고버섯 → 소고기 순으로 익힌다.
3. 산적꼬치에 기름을 바르고 재료를 색 맞추어 끼운다(양끝 1cm 남긴다).
4. 잣가루를 뿌린다.

두부선

전체 양념 : 소금 1/2작은술, 다진파 · 다진마늘 · 참기름 · 깨소금 · 후춧가루 약간
고명 : 황 · 백지단, 표고버섯, 실고추, 석이버섯, 비늘잣
초간장 : 간장 1큰술, 식초 1/2큰술, 설탕 1/2큰술

만드는 법

1. 전체 양념 → 두부 + 닭고기 + 홍고추 + 풋고추
2. 젖은 면보 → 두께 1cm 크기로 네모지게 고루 펴기 → 고명 얹기 → 찌기

북어보푸라기

공통 양념 : 참기름 1작은술, 깨소금 1작은술, 설탕 1작은술

삼색 양념
- 붉은색 –고춧가루 1작은술, 소금 1/3작은술
- 흰색 – 소금 1/3작은술
- 노란색 – 간장 1작은술

만드는 법

1. 보푸라기를 3등분한다.
2. 삼색 양념을 각각 무친다.

호두간장조림

조림장 : 간장 2큰술, 설탕 1큰술, 꿀 1큰술 + 물 1/2컵

만드는 법

1. 호두 → 속껍질 벗긴다(미지근한 물에 담궈서).
2. 팬 → 기름 → 호두를 볶는다. → 조림장 → 꿀 1큰술 → 잣과 참기름을 넣어 마무리한다.

오이숙장아찌

소고기 · 표고버섯 양념 : 간장 1큰술, 설탕 1작은술, 다진파 · 다진마늘 · 참기름 · 깨소금 · 후춧가루 약간

만드는 법

팬 → 오이 → 표고버섯 → 고기 순으로 각각 볶는다(참기름, 깨소금, 실고추).

완자탕

소고기 · 두부 양념 : 소금 1/2작은술, 설탕 1작은술, 다진파 · 다진마늘 · 참기름 · 깨소금 · 후춧가루 약간

만드는 법

1. 소고기(사태) → 육수 끓인다. → 간한다(국간장+소금).
2. 소고기(살코기), 두부 → 곱게 다진다. → 양념한다.

두부선

전체 양념 : 소금 1/2작은술, 다진파 · 다진마늘 · 참기름 · 깨소금 · 후춧가루 약간
고명 : 황 · 백지단, 표고버섯, 실고추, 석이버섯, 비늘잣
초간장 : 간장 1큰술, 식초 1/2큰술, 설탕 1/2큰술

만드는 법

1. 전체 양념 → 두부 + 닭고기 + 홍고추 + 풋고추
2. 젖은 면포 → 두께 1cm 크기로 네모지게 고루 펴기 → 고명 얹기 → 찌기

북어보푸라기

공통 양념 : 참기름 1큰술, 깨소금 1작은술, 설탕 1작은술
삼색 양념
- 붉은색 –고춧가루 1작은술, 소금 1/3작은술
- 흰색 – 소금 1/3작은술
- 노란색 – 간장 1작은술

만드는 법

1. 보푸라기를 3등분한다.
2. 삼색 양념을 각각 무친다.

애탕국

양지머리 육수 : 양지머리 50g, 대파 1/2대, 마늘 1개 + 물 5컵
소고기 양념 : 소금 · 다진파 · 다진마늘 · 참기름 · 깨소금 · 후춧가루 약간

만드는 법

완자(다진 쑥 + 다진 소고기 → 2cm 크기) → 밀가루 + 달걀노른자 → (양지머리육수)익힌다.

표고전

표고버섯 양념 : 간장 · 설탕 · 참기름 약간
소고기 · 두부 양념 : 소금 · 설탕 · 다진파 · 다진마늘 · 참기름 · 깨소금 · 후춧가루 약간

만드는 법

1. 표고버섯 → 표고버섯 안쪽에 옅은 칼집을 넣어 양념한다.
2. 표고버섯(안쪽에 밀가루) → 소를 채운다. → 밀가루 → 달걀물 입혀 지진다.

잡채

당면 유장 양념 : 간장 1큰술, 설탕 1/2큰술, 참기름 1큰술
소고기 · 표고버섯 · 목이버섯 양념 : 간장 1큰술, 설탕 1/2큰술, 다진파 · 다진마늘 · 참기름 · 깨소금 · 후춧가루 약간

만드는 법

1. 당면 → 찬물에 불린다. → 삶는다(소금 + 식용유). → 유장양념
2. 팬 → 기름 → 당면 → 모든 재료 → 고명 얹는다(황 · 백지단).

두부선

전체 양념 : 소금 1/2작은술, 다진파 · 다진마늘 · 참기름 · 깨소금 · 후춧가루 약간

고명 : 황 · 백지단, 표고버섯, 실고추, 석이버섯, 비늘잣

초간장 : 간장 1큰술, 식초 1/2큰술, 설탕 1/2큰술

만드는 법

1. 전체 양념 → 두부 + 닭고기 + 홍고추 + 풋고추
2. 젖은 면포 → 두께 1cm 크기로 네모지게 고루 펴기 → 고명 얹기 → 찌기

삼색경단

만드는 법

1. 반죽하기
   찹쌀가루 → 익반죽(소금물)하여 지름이 2cm로 잣 1개씩을 넣고 동그랗게 빚는다.
2. 경단 익히기
   끓는 물 → 찹쌀 경단 → 찬물에 담그기 → 꿀에 담근다.
3. 카스테라 고물, 팥계피 고물, 참깨 고물을 각각 경단에 묻힌다.

오이소박이

소 양념 : 고춧가루 1큰술, 다진파 · 다진마늘 · 다진생강 · 소금 약간

만드는 법

오이 → 길이 6cm로 썬 후 양끝 1cm를 남기고 열십자(+)로 칼집

수란

만드는 법

수란기(안쪽에 참기름) → 수란기 데우기(소금 + 식초) → 익히기 → 침수한다.

어만두

소고기 · 목이버섯 · 표고버섯 양념 : 간장 1작은술, 설탕 1/2작은술, 다진파 · 다진마늘 · 참기름 · 깨소금 · 흰후춧가루 약간

만두소 양념 : 소금 · 다진파 · 다진마늘 · 참기름 · 깨소금 약간

초간장 : 간장 1큰술, 식초 1큰술, 설탕 1/2큰술

만드는 법

생선살 → 8×5×0.4cm(소금, 흰후춧가루) → 녹말 묻힌다. → 찜통에서 10분간 찐다.

사슬적

생선살 양념 : 간장 1큰술, 소금 1/4작은술, 다진파 · 다진마늘 · 다진생강 약간
초간장 : 간장 1큰술, 식초 1/2큰술, 설탕 1/2큰술

만드는 법

1. 생선살 → 7×1×0.7cm → 생선살 양념을 한다.
2. 꼬지에 끼우기
   생선살(밀가루) → 양념한 고기 → 생선살(밀가루) → 양념한 고기 → 생선살
3. 잣 → 곱게 다진다.

두부조림

두부조림 양념장 : 간장 1큰술, 설탕 1/2큰술, 다진파 · 다진마늘 · 참기름 · 깨소금 · 후춧가루 약간 + 물 70ml

만드는 법

1. 두부 → 4.5×3×1cm 크기로 썬다(소금, 후춧가루).
   → 팬에서 지진다.
2. 대파, 실고추 → 2cm로 채썬다.
3. 두부를 조림 양념장에 넣고 조린다. → 고명을 얹어 낸다.
4. 완성된 두부가 촉촉하게 보이도록 국물을 끼얹어 낸다.

애호박눈썹나물

소고기 양념 : 간장 · 설탕 · 다진파 · 다진마늘 · 참기름 · 깨소금 · 후춧가루 약간

만드는 법

1. 애호박은 0.3cm 두께의 눈썹모양(소금물)
2. 팬 → 소고기 → 애호박, 다진파, 다진마늘, 홍고추 → 볶는다.

북어찜

북어찜 양념장 : 간장 2큰술, 설탕 1큰술, 다진파 · 다진마늘 · 다진생강 · 참기름 · 깨소금 · 후춧가루 약간 + 물 140ml

만드는 법

1. 조리기
   냄비 → 북어 껍질 부위가 바닥 닿게 놓고 → 양념장 + 물(140ml)을 넣어 조린다.
2. 고명 → 실고추 + 채썬 파

표고전

표고버섯 양념 : 간장 · 설탕 · 참기름 약간
소고기 · 두부 양념 : 소금 · 설탕 · 다진파 · 다진마늘 · 참기름 · 깨소금 · 후춧가루 약간

만드는 법

1. 표고버섯 → 표고버섯 안쪽에 옅은 칼집을 넣어 양념한다.
2. 표고버섯(안쪽에 밀가루) → 소를 채운다. → 밀가루 → 달걀물 입혀 지진다.

두부조림

두부조림 양념장 : 간장 1큰술, 설탕 1/2큰술, 다진파 · 다진마늘 · 참기름 · 깨소금 · 후춧가루 약간 + 물 70ml

만드는 법

1. 두부 → 4.5×3×1cm 크기로 썬다(소금, 후춧가루). → 팬에서 지진다.
2. 대파, 실고추 → 2cm로 채썬다.
3. 두부를 조림 양념장에 넣고 조린다. → 고명을 얹어 낸다.
4. 완성된 두부가 촉촉하게 보이도록 국물을 끼얹어 낸다.

호박죽

만드는 법

1. 늙은 호박 → 얇게 썰어서 삶은 다음 으깨어 체에 내린다.
2. 찹쌀가루 → 물에 개어서 준비한다. → 새알심을 만든다.
3. 호박물을 눌지 않게 저으면서 → 2를 부으면서 젓는다 → 삶아 놓은 팥을 넣고 은근히 끓인다. → 간을 한다(소금 + 설탕).

조리 Point

으스러지도록 푹 삶아내야 체에 거르기 쉽다.

오이생채

생채 양념 : 고춧가루 1큰술, 설탕 1/2큰술, 식초 1/2큰술

만드는 법

오이(0.2cm 두께) → 소금에 절인다. → 생채 양념을 넣고 버무린다.

오이숙장아찌

소고기 · 표고버섯 양념 : 간장 1큰술, 설탕 1작은술, 다진파 · 다진마늘 · 참기름 · 깨소금 · 후춧가루 약간

만드는 법

팬 → 오이 → 표고버섯 → 고기 순으로 각각 볶는다(참기름, 깨소금, 실고추).

섭산삼

초간장 : 간장 1큰술, 설탕 1큰술, 식초 1큰술

만드는 법

더덕 → 소금물에 담근다. → 방망이로 두들겨 넓게 편다. → 찹쌀 가루 묻혀 튀겨 낸다.

부록 예상문제 27

무생채

무생채 양념 : 식초 1큰술, 설탕 1큰술, 소금 1/3작은술, 다진파 · 다진마늘 · 다진생강 · 깨소금 약간

만드는 법

1. 무 → ① 0.2×0.2×6cm 크기로 채썬다.
   ② 채썬 무에 고춧가루를 넣어 색을 들인다.
2. 무생채 양념 → 채썬 무 섞어 버무려서 낸다.

미나리강회

초고추장 : 고추장 1큰술, 설탕 1/2큰술, 식초 1/2큰술, 물 1큰술

만드는 법

1. 편육 → 백지단 → 황지단 → 홍고추 순으로 놓고 미나리로 돌려 감는다.
2. 초고추장을 종지에 담아낸다.

옥수수전

만드는 법

옥수수, 완두콩 → 다진다. → 반죽한다(밀가루). → 5cm 크기로 동그랗게 지져낸다.

연근조림

조림장 : 간장 3큰술, 설탕 2큰술, 양파 20g, 마늘 2개, 대파 1/2대, 생강 1/2개, 홍고추 1개, 통후추 3개 + 물 1컵

만드는 법

연근 → 식초물에 담군다. → 찬물에서 부터 삶는다. → 조림장 넣어 조린다.

오징어볶음

양념장 : 고추장 2큰술, 설탕 1큰술, 고춧가루 2작은술, 간장 1작은술, 다진파 · 다진마늘 · 다진생강 · 깨소금 · 참기름 · 후춧가루 약간

만드는 법

오징어 → 내장 쪽에 가로 · 세로로 0.3cm 간격으로 어슷하게 칼집을 넣어 5×2cm로 썰고 다리도 4cm로 썬다. → 데친다. → 양념하여 볶는다.

칠절판

소고기 양념 : 간장 1큰술, 설탕 1/2큰술, 다진파 · 다진마늘 · 참기름 · 깨소금 · 후춧가루 약간

밀전병 : 밀가루 5큰술, 물 5큰술, 소금 1/2작은술

만드는 법

1. 밀전병 : 밀가루 + 물 + 소금 → 체에 내린다. → 직경 8cm로 밀전병을 지져낸다.
2. 중앙에 밀전병을 놓고 6가지의 재료들을 색색이 돌려 담는다.

장산적

소고기 · 두부 양념 : 소금 1작은술, 설탕 1/2작은술, 다진파 · 다진마늘 · 참기름 · 깨소금 · 후춧가루 약간

조림장 양념 : 간장 5큰술, 설탕 3큰술, 생강편, 마늘편, 대파 1/2대 + 물 3큰술

만드는 법

소고기, 두부 → 다진 후 섞어 양념한다. → 굽는다. → 2cm 크기 → 조림장 양념에 조린다. → 잣가루 뿌려 낸다.

미나리강회

초고추장 : 고추장 1큰술, 설탕 1/2큰술, 식초 1/2큰술, 물 1큰술

만드는 법

1. 편육 → 백지단 → 황지단 → 홍고추 순으로 놓고 미나리로 돌려 감는다.
2. 초고추장을 종지에 담아 낸다.

무숙장아찌

소고기 양념 : 간장 1작은술, 설탕 1/2작은술, 다진파 · 다진마늘 · 참기름 · 깨소금 · 후춧가루 약간

만드는 법

1. 팬 → 소고기 → 무 → 미나리 순으로 볶아 식혀둔다.
2. 참기름, 깨소금, 실고추를 넣어 버무려 낸다.

율란 · 조란

율란 – 만드는 법

1. 밤 → 삶는다. → 반으로 갈라 속을 파낸다. → 체에 내린다. → 뭉친다(꿀 + 계핏가루 + 소금).

조란 – 만드는 법

1. 대추는 씨를 제거하고 찜통에 살짝 찐 다음 곱게 다진다.
2. 다진 대추 → 계핏가루 + 꿀 → 팬에서 약불로 조린다. → 뭉친다. → 통잣을 박는다(꼭지부분).

미나리강회

초고추장 : 고추장 1큰술, 설탕 1/2큰술, 식초 1/2큰술, 물 1큰술

만드는 법

1. 편육 → 백지단 → 황지단 → 홍고추 순으로 놓고 미나리로 돌려 감는다.
2. 초고추장을 종지에 담아낸다.

사슬적

생선살 양념 : 간장 1큰술, 소금 1/4작은술, 다진파 · 다진마늘 · 다진생강 약간

초간장 : 간장 1큰술 식초 1/2큰술, 설탕 1/2큰술

만드는 법

1. 생선살 → 7×1×0.7cm → 생선살 양념을 한다.
2. 꼬지에 끼우기
   생선살(밀가루) → 양념한 고기 → 생선살(밀가루) → 양념한 고기 → 생선살
3. 잣 → 곱게 다진다.

오징어구이

고추장 양념 : 고추장 2큰술, 간장 1큰술, 고춧가루 1작은술, 설탕 1큰술, 물엿 1큰술, 다진파 · 다진마늘 · 다진생강 · 깨소금 · 참기름 · 후춧가루 약간

만드는 법

1. 오징어는 껍질 안쪽에 대각선으로 0.2cm 간격으로 칼집을 넣는다. → 4×2cm 크기로 썬다.
2. 오징어에 양념을 발라서 재워둔다.
   → 굽는다.

수란

만드는 법

수란기(안쪽에 참기름) → 수란기 데우기(소금 + 식초) → 익히기 → 침수한다.

화전

시럽 : 설탕 5큰술, 물 5큰술

만드는 법

1. 찹쌀가루 → 체에 내린 후 익반죽(소금물)
2. 팬에 식용유 → 화전 모양을 만든다(이때 불은 켜지 않도록 한다).
3. 화전 모양을 다 만들면 팬에 불을 켜서 약불로 서서히 익힌다.
4. 고명 → 대추 + 쑥갓
5. 화전 → 시럽을 끼얹어 제출한다.

사슬적

생선살 양념 : 간장 1큰술, 소금 1/4작은술, 다진파 · 다진마늘 · 다진생강 약간

초간장 : 간장 1큰술 식초 1/2큰술, 설탕 1/2큰술

만드는 법

1. 생선살 → 7×1×0.7cm → 생선살 양념을 한다.
2. 꼬지에 끼우기
   생선살(밀가루) → 양념한 고기 → 생선살(밀가루) → 양념한 고기 → 생선살
3. 잣 → 곱게 다진다.

오징어볶음

양념장 : 고추장 3큰술, 설탕 1큰술, 고춧가루 2작은술, 간장 1작은술, 다진파 · 다진마늘 · 다진생강 · 깨소금 · 참기름 · 후춧가루 약간

만드는 법

오징어 → 내장 쪽에 가로 · 세로로 0.3cm 간격으로 어슷하게 칼집을 넣어 5×2cm로 썰고, 다리도 4cm로 썬다. → 데친다. → 양념하여 볶는다.

미나리강회

초고추장 양념 : 고추장 1큰술, 설탕 1/2큰술, 식초 1/2큰술, 물 1큰술

만드는 법

1. 편육 → 백지단 → 황지단 → 홍고추 순으로 놓고 미나리로 돌려 감는다.
2. 초고추장을 종지에 담아 낸다.

수란

만드는 법

수란기(안쪽에 참기름) → 수란기 데우기(소금+식초) → 익히기 → 침수한다.

화전

시럽 : 설탕 5큰술, 물 5큰술

만드는 법

1. 찹쌀가루 → 체에 내린 후 익반죽(소금물)
2. 팬에 식용유 → 화전 모양을 만든다(이때 불은 켜지 않도록 한다).
3. 화전 모양을 다 만들면 팬에 불을 켜서 약불로 서서히 익힌다.
4. 고명 → 대추 + 쑥갓
5. 화전 → 시럽을 끼얹어 제출한다.

북어보푸라기

공통 양념 : 참기름 1작은술, 깨소금 1작은술, 설탕 1작은술

삼색 양념

- 붉은색 –고춧가루 1작은술, 소금 1/3작은술
- 흰색 – 소금 1/3작은술
- 노란색 – 간장 1작은술

만드는 법

1. 보푸라기를 3등분한다.
2. 삼색 양념을 각각 무친다.

화전

시럽 : 설탕 5큰술, 물 5큰술

만드는 법

1. 찹쌀가루 → 체에 내린 후 익반죽(소금물)
2. 팬에 식용유 → 화전 모양을 만든다(이때 불은 켜지 않도록 한다).
3. 화전 모양을 다 만들면 팬에 불을 켜서 약불로 서서히 익힌다.
4. 고명 → 대추 + 쑥갓
5. 화전 → 시럽을 끼얹어 제출한다.

육회

소고기 양념 : 소금 1작은술, 설탕 1/2작은술, 다진파 · 깨소금 · 참기름 · 후춧가루 약간

만드는 법

1. 소고기 → 채썰어 양념한다.
2. 배 → 0.3×0.3×4cm 정도 크기로 썰어 설탕물에 담근다.

수정과

만드는 법

1. 통계피 + 물 2컵, 생강 + 물 2컵 → 각각 1컵이 될 때까지 끓인다.
2. 통계피물 1컵 + 생강물 1컵 → 황설탕(4큰술)넣고 1컵이 될 때까지 끓인다.
3. 곶감 씨 제거 → 호두(껍질 제거) → 말아서 → 1cm 두께로 썬다.
4. 2에 3과 잣을 띄워 낸다.

해물된장찌개

육수 : 멸치 5마리, 물 + 된장 3큰술

만드는 법

멸치육수에 된장을 풀어서 체에 내린다. → 고춧가루 → 모시조개, 오징어, 표고버섯, 호박, 두부 넣고 끓인다. → 풋고추, 대파, 마늘을 넣어서 완성한다.

잡채

당면 유장 양념 : 간장 1큰술, 설탕 1/2큰술, 참기름 1큰술
소고기 · 표고버섯 · 목이버섯 양념 : 간장 1큰술, 설탕 1/2큰술, 다진파 · 다진마늘 · 참기름 · 깨소금 · 후춧가루 약간

만드는 법

1. 당면 → 찬물에 불린다. → 삶는다(소금 + 식용유). → 당면 유장 양념
2. 팬 → 기름 → 당면 → 모든 재료 → 고명 얹는다(황 · 백지단).

장국죽

소고기 · 표고버섯 양념 : 간장 1작은술, 다진파 · 다진마늘 · 참기름 · 후춧가루 약간

만드는 법

1. 불린 쌀 → 쌀알이 반으로 쪼개어지도록 부순다.
2. 불린 쌀의 분량의 6배의 물을 준비한다.
3. 냄비 → 참기름 → 표고버섯, 소고기 → 불린 쌀 → 끓인다(강불 → 중불 → 약불).

장김치

만드는 법

배추, 무 절인다(간장). → 물 2컵 + 절였던 간장 3큰술 + 소금 + 설탕 → 준비된 재료를 넣는다.

제육구이

돼지고기 양념장 : 고추장 2큰술, 간장 1작은술, 설탕 1큰술, 다진파 · 다진마늘 · 생강즙 · 깨소금, · 참기름 · 후춧가루 약간

만드는 법

1. 돼지고기 → 4.5×5.5×0.3cm 자른다.
2. 돼지고기 양념을 준비하여 고기에 골고루 묻힌 뒤 재워 둔다 → 굽는다.

양동구리

소양 양념 : 소금 · 다진파 · 다진마늘 · 참기름 · 흰후춧가루 약간
초간장 : 간장 1큰술, 설탕 1/2큰술, 식초 1/2큰술, 생강즙 1/8작은술, 잣가루 약간

만드는 법

소양 → 기름덩어리 제거(소금) → 끓는 물에 살짝 데친다. → 검은막 제거 → 곱게 다진다. → 녹두녹말가루 + 달걀 → 지진다.

제육구이

돼지고기 양념장 : 고추장 2큰술, 간장 1작은술, 설탕 1큰술, 다진파 · 다진마늘 · 생강즙 · 깨소금 · 참기름 · 후춧가루 약간

만드는 법

1. 돼지고기 → 4.5×5.5×0.3cm 자른다.
2. 돼지고기 양념을 준비하여 고기에 골고루 묻힌 뒤 재워 둔다. → 굽는다.

오이선

소고기 · 표고버섯 양념 : 간장 1큰술, 설탕 1/2큰술, 다진파 · 다진마늘 · 참기름 · 깨소금 · 후춧가루 약간
단촛물 : 식초 1큰술, 설탕 1큰술, 물 1큰술, 소금 1/3작은술

만드는 법

1. 오이 → 반갈라서 푸른 부분이 4cm가 되도록 어슷썰어 칼집을 세 번 넣는다.
2. 제출 직전에 단촛물을 끼얹어 낸다.

어알탕

장국용 소고기양념 : 간장 · 다진파 · 다진마늘 · 참기름 · 깨소금 · 후춧가루 약간
생선완자 양념 : 소금 1/2작은술, 생강즙 1/4 작은술, 다진파 · 다진마늘 · 참기름 · 흰후춧가루 약간

만드는 법

생선 → 곱게 다져서 양념(녹말가루) → 잣을 하나씩 넣어 지름 1.5cm 크기의 완자로 빚는다.

월과채

소고기 · 표고버섯 · 느타리버섯 양념 : 간장 1큰술, 설탕 1/2큰술, 다진파 · 다진마늘 · 참기름 · 깨소금 · 후춧가루 약간

만드는 법

1. 애호박은 눈썹모양으로 자른다.
2. 전병부치기 → 찹쌀가루 + 밀가루 + 소금물

홍합초

조림장 : 간장 1큰술, 설탕 1/2큰술, 참기름, 후춧가루 + 물 70ml

만드는 법

1. 생홍합 → 데친다.
2. 냄비 → 조림장 → 홍합 → 마늘, 생강, 파 → 참기름을 넣고 불을 끈다.
3. 잣가루를 뿌려 제출한다.

두부전골

육수 : 소고기(양지머리) 50g, 대파 1/2대, 마늘 2개, 물+국간장 1작은술, 소금 1/2작은술

소고기 양념 : 진간장 2작은술, 백설탕 1작은술, 다진파 · 다진마늘 · 깨소금 · 검은 후춧가루 · 참기름 약간씩

만드는 법

1. 육수 만들기
2. 두부 3×4×0.5cm 잘라 밑간 → 녹말가루(한쪽) → 팬에 지진다.
3. 지단 → 5×1.2×0.5cm 자르기, 완자 → 5개, 채소 → 5×1.2×0.5cm 잘라 데치기, 실파 → 5cm, 숙주 → 거두절미 후 데쳐 양념
4. 냄비에 무, 당근, 실파, 숙주, 표고, 지단을 돌려 담고 → 중앙(두부, 완자) → 육수 → 끓인다.

무생채

무생채 양념 : 식초 1큰술, 설탕 1큰술, 소금 1/3작은술, 다진파 · 다진마늘 · 다진생강 · 깨소금 약간

만드는 법

1. 무 → ① 0.2×0.2×6cm 크기로 채썬다.
   ② 채썬 무에 고춧가루를 넣어 색을 들인다.
2. 무생채 양념 → 채썬 무를 섞어 버무려서 낸다.

매작과

설탕시럽 : 물 3큰술, 설탕 3큰술

만드는 법

1. 밀가루+생강즙+소금물 → 반죽 → 면포(비닐)
2. 잣가루 만들기 → 반죽을 매작과 모양(2×5×0.3cm) → 설탕시럽 만들기 → 튀기기 + 설탕시럽 → 잣가루 뿌려 완성한다.

사슬적

생선살 양념 : 간장 1큰술, 소금 1/4작은술, 다진파 · 다진마늘 · 다진생강 약간

초간장 : 간장 1큰술, 식초 1/2큰술, 설탕 1/2큰술

만드는 법

1. 생선살 → 7×1×0.7cm → 생선살 양념
2. 꼬치에 끼우기 : 생선살(밀가루) → 양념한 고기 → 생선살(밀가루) → 양념한 고기 → 생선살
3. 잣 → 곱게 다진다.

잡채

당면 유장 양념 : 간장 1큰술, 설탕 1/2큰술, 참기름 1큰술

소고기 · 표고버섯 · 목이버섯 양념 : 간장 1큰술, 설탕 1/2큰술, 다진파 · 다진마늘 · 참기름 · 깨소금 · 후춧가루 약간

만드는 법

1. 당면 → 찬물에 불린다. → 삶는다(소금 + 식용유). → 유장양념
2. 팬 → 기름 → 당면 → 모든 재료 → 고명 얹는다(황 · 백지단).

두부조림

두부조림 양념장 : 간장 1큰술, 설탕 1/2큰술, 다진파 · 다진마늘 · 참기름 · 깨소금 · 후춧가루 약간 + 물 70ml

만드는 법

1. 두부 → 4.5×3×1cm 크기로 썬다(소금, 후춧가루). → 팬에서 지진다.
2. 대파, 실고추 → 2cm로 채썬다.
3. 두부를 조림 양념장에 넣고 조린다. → 고명을 얹어 낸다.

섭산삼

초간장 : 간장 1큰술, 설탕 1큰술, 식초 1큰술

만드는 법

더덕 → 소금물에 담근다. → 방망이로 두들겨 넓게 편다. → 찹쌀 가루 묻혀 튀겨 낸다.

미역오이냉채

냉채양념 : 국간장 2작은술, 설탕(백) 2작은술, 식초 2큰술, 소금 약간

1. 미역을 물에 충분히 불려 2cm로 자른다.
2. 오이는 4cm 돌려깎기 후 채를 썰기 + 양파 채 썰기 + 마늘 다지기
3. 미역 + 오이 + 양파 + 양념장 무쳐 완성하기

오이숙장아찌

소고기 · 표고버섯 양념 : 간장 1큰술, 설탕 1작은술, 다진파 · 다진마늘 · 참기름 · 깨소금 · 후춧가루 약간

만드는 법

팬 → 오이 → 표고버섯 → 고기 순으로 각각 볶는다(참기름, 깨소금, 실고추).

호박죽

만드는 법

1. 늙은 호박 → 얇게 썰어서 삶은 다음 으깨어 체에 내린다.
2. 찹쌀가루 → 물에 개어서 준비한다. → 새알심을 만든다.
3. 호박물을 눋지 않게 저으면서 → 2를 부으면서 젓는다. → 삶아 놓은 팥을 넣고 은근히 끓인다. → 간을 한다(소금 + 설탕).

조리 Point

으스러지도록 푹 삶아내야 체에 거르기 쉽다.

나박김치

만드는 법

1. 국물 만들기
   물을 끓여 식힌다. → 고춧가루를 우려 내어 색을 낸다.
2. 절여진 무, 배추 → 물기 제거 → 면보의 고춧물을 톡톡 두드려 색을 들인다.
3. 재료 → 국물을 부어 소금으로 간하고 실고추를 띄워 낸다.

연근전

전체 양념 : 연근 100g, 식초 1큰술, 밀가루 3큰술, 달걀 2개

초간장 : 간장 1큰술, 식초 1큰술, 물 1큰술, 잣가루 1/2작은술

만드는 법

1. 연근 → 껍질 제거 0.3cm 두께+식초물 → 소금물에 데쳐 모양+밀가루+달걀물 → 팬에 지진다.
2. 초간장+다진 잣

장똑똑이

전체 양념 : 소고기(우둔살) 100g, 잣 1/2작은술, 참기름 1/2큰술, 물 3큰술

만드는 법

1. 소고기 → 핏물을 제거 → 길이 5×0.3×0.3cm로 가늘게 채 썬다.
2. 잣 → 곱게 다지고 → 양념장을 만든다.
3. 냄비 → 물+소고기+양념장 → 졸인다. → 잣가루를 뿌린다.

콩나물밥

소고기 양념 : 간장 1작은술, 다진파 · 다진마늘 · 참기름 · 후춧가루 약간

만드는 법

1. 콩나물 → 껍질, 꼬리를 뗀다.
2. 소고기 → 채썰어 양념
3. 밥하기
   냄비 → 불린 쌀 → 소고기+콩나물

편강

전체 양념 : 생강반근(200g), 설탕150g

만드는 법

1. 생강 → 껍질을 벗겨 → 두께 0.2cm 썬다. → 30분정도 찬물에 담궈 매운맛 제거
   → 끓는 물에 생강을 삶아 → 찬물에 헹궈 물기 제거
2. 냄비 → 데친생강+설탕+물 넣고 은근히 조린다. → 투명하게 조려 → 엿을 제거하고 → 흰설탕을 뿌려 완성

두부조림

두부조림 양념장 : 간장 1큰술, 설탕 1/2큰술, 다진파 · 다진마늘 · 참기름 · 깨소금 · 후춧가루 약간 + 물 70ml

만드는 법

1. 두부 → 4.5×3×1cm 크기로 썬다(소금, 후춧가루). → 팬에서 지진다.
2. 대파, 실고추 → 2cm로 채썬다.
3. 두부를 조림 양념장에 넣고 조린다. → 고명을 얹어 낸다.
4. 완성된 두부가 촉촉하게 보이도록 국물을 끼얹어 낸다.

사슬적

생선살 양념 : 간장 1큰술, 소금 1/4작은술, 다진파 · 다진마늘 · 다진생강 약간

초간장 : 간장 1큰술, 식초 1/2큰술, 설탕 1/2큰술

만드는 법

1. 생선살 → 7×1×0.7cm → 생선살 양념
2. 꼬치에 끼우기 : 생선살(밀가루) → 양념한 고기 → 생선살(밀가루) → 양념한 고기 → 생선살
3. 잣 → 곱게 다진다.

수정과

만드는 법

1. 통계피 + 물 2컵, 생강 + 물 2컵 → 각각 1컵이 될 때까지 끓인다.
2. 통계피물 1컵+생강물 1컵 → 황설탕(4큰술)넣고 1컵이 될 때까지 끓인다.
3. 곶감 씨 제거 → 호두(껍질 제거) → 말아서 → 1cm 두께로 썬다.
4. 2에 3과 잣을 띄워 낸다.

애호박눈썹나물

소고기 양념 : 간장, 설탕, 다진파, 다진마늘, 참기름, 깨소금, 후춧가루 약간

만드는 법

1. 애호박은 0.3cm 두께의 눈썹모양(소금물)으로 썬다.
2. 팬 → 소고기 → 애호박, 다진파, 다진마늘, 홍고추 → 볶는다.

편수

육수 : 소고기 30g, 대파 1/2대, 마늘 2개, 통후추 2개, 국간장 · 소금 약간 + 물

소고기 · 표고버섯 양념 : 간장 1큰술, 설탕 1/2큰술, 다진파 · 다진마늘 · 참기름 · 깨소금 · 후춧가루 약간

초간장 : 간장 1큰술, 설탕 1/2큰술, 식초 1큰술

만드는 법

1. 만두피 → 지름 8cm 크기의 정사각형
2. 소만들기 → 숙주, 오이, 호박, 소고기, 표고버섯
3. 만두피 → 소를 넣고 잣을 얹어 → 네 귀를 모아 네모지게 빚는다. → 찐다(10분).
4. 편수를 찬 육수에 띄우고 지단을 고명으로 얹는다.

무생채

무생채 양념 : 식초 1큰술, 설탕 1큰술, 소금 1/3작은술, 다진파 · 다진마늘 · 다진생강 · 깨소금 약간

만드는 법

1. 무 → ① 0.2×0.2×6cm 크기로 채썬다.
   ② 채썬 무에 고춧가루를 넣어 색을 들인다.
2. 무생채 양념 → 채썬 무 섞어 버무려서 낸다.

미나리강회

초고추장 : 고추장 1큰술, 설탕 1/2큰술, 식초 1/2큰술, 물 1큰술

만드는 법

1. 편육 → 백지단 → 황지단 → 홍고추 순으로 놓고 미나리로 돌려 감는다.
2. 초고추장을 종지에 담아낸다.

사슬적

생선살 양념 : 간장 1큰술, 소금 1/4작은술, 다진파 · 다진마늘 · 다진생강 약간

초간장 : 간장 1큰술, 식초 1/2큰술, 설탕 1/2큰술

만드는 법

1. 생선살 → 7×1×0.7cm → 생선살 양념
2. 꼬지에 끼우기 : 생선살(밀가루) → 양념한 고기 → 생선살(밀가루) → 양념한 고기 → 생선살
3. 잣 → 곱게 다진다.

수란

만드는 법

수란기(안쪽에 참기름) → 수란기 데우기(소금+식초) → 익히기 → 침수한다.

애탕국

양지머리 육수 : 양지머리 50g, 대파 1/2대, 마늘 1개 + 물 5컵

소고기 양념 : 소금 · 다진파 · 다진마늘 · 참기름 · 깨소금 · 후춧가루 약간

만드는 법

완자(다진쑥 + 다진소고기 → 2cm 크기) → 밀가루 + 달걀노른자 → (양지머리 육수) 익힌다.

부록 예상문제 39

무생채

무생채 양념 : 식초 1큰술, 설탕 1큰술, 소금 1/3작은술, 다진파 · 다진마늘 · 다진생강 · 깨소금 약간

만드는 법

1. 무 → ① 0.2×0.2×6cm 크기로 채썬다.
   ② 채썬 무에 고춧가루를 넣어 색을 들인다.
2. 무생채 양념 → 채썬 무 섞어 버무려서 낸다.

미나리강회

초고추장 : 고추장 1큰술, 설탕 1/2큰술, 식초 1/2큰술, 물 1큰술

만드는 법

1. 편육 → 백지단 → 황지단 → 홍고추 순으로 놓고 미나리로 돌려 감는다.
2. 초고추장을 종지에 담아낸다.

율란 · 조란

율란 – 만드는 법

1. 밤 → 삶는다. → 반으로 갈라 속을 파낸다. → 체에 내린다. → 뭉친다(꿀 + 계핏가루 + 소금).

조란 – 만드는 법

1. 대추는 씨를 제거하고 찜통에 살짝 찐 다음 곱게 다진다.
2. 다진 대추 → 계핏가루 + 꿀 → 팬에서 약불로 조린다. → 뭉친다. → 통잣을 박는다(꼭지 부분).

장산적

소고기 · 두부 양념 : 소금 1작은술, 설탕 1/2작은술, 다진파 · 다진마늘 · 참기름 · 깨소금 · 후춧가루 약간

조림장 양념 : 간장 5큰술, 설탕 3큰술, 생강편, 마늘편, 대파 1/2대 + 물 3큰술

만드는 법

소고기, 두부 → 다진 후 섞어 양념한다. → 굽는다. → 2cm 크기 → 조림장 양념에 조린다. → 잣가루 뿌려 낸다.

칠절판

소고기 양념 : 간장 1큰술, 설탕 1/2큰술, 다진파 · 다진마늘 · 참기름 · 깨소금 · 후춧가루 약간

밀전병 : 밀가루 5큰술, 물 5큰술, 소금 1/2작은술

만드는 법

1. 밀전병 : 밀가루 + 물 + 소금 → 체에 내린다. → 직경 8cm로 밀전병을 지져낸다.
2. 중앙에 밀전병을 놓고 6가지의 재료들을 색색이 돌려 담는다.

닭찜

닭고기 양념장 : 간장 2큰술, 설탕 1큰술, 다진파 · 다진마늘 · 다진생강 · 참기름 · 깨소금 · 후춧가루 약간 + 물 140ml

만드는 법

1. 닭은 4~5cm 크기로 잘라 물에 데친다.
2. 닭찜 만들기
   양념장 → 닭, 당근, 양파, 표고버섯 넣고 윤기 나게 조려낸다.

어알탕

장국용 소고기양념 : 간장 · 다진파 · 다진마늘 · 참기름 · 깨소금 후춧가루 약간

생선완자 양념 : 소금 · 생강즙 · 다진파 · 다진마늘 · 참기름 · 흰후춧가루 약간

만드는 법

생선 → 곱게 다져서 양념(녹말가루) → 잣을 하나씩 넣어 지름 1.5cm 크기의 완자로 빚는다. → 찐다.

오이소박이

소 양념 : 고춧가루 1큰술, 다진파 · 다진마늘 · 다진생강 · 소금 약간

만드는 법

오이 → 길이 6cm로 썬 후 양끝 1cm를 남기고 열십자(+)로 칼집을 낸다.

죽순채

죽순 · 숙주 · 미나리 양념 : 소금 · 참기름 약간

소고기 · 표고버섯 양념 : 간장 1큰술, 설탕 1/2큰술, 다진파 · 다진마늘 · 깨소금 · 참기름 · 후춧가루 약간

초간장 : 간장 1/2큰술, 식초 1/2큰술, 설탕 1큰술, 소금 1/2작은술, 깨소금 1작은술

만드는 법

1. 죽순 → 빗살 모양으로 썬다. → 데친다 → 볶는다(소금 + 참기름).
2. 고명 → 황 · 백지단

지짐누름적

소고기 · 표고버섯 양념 : 간장 1큰술, 설탕 1/2큰술, 다진파 · 다진마늘 · 참기름 · 깨소금 · 후춧가루 약간

만드는 법

1. 당근, 도라지 → 6×1×0.5cm 크기로 썰어 데친다.
2. 팬에 기름을 두르고 도라지 → 당근 → 표고버섯 → 소고기 순으로 볶는다.
3. 꼬챙이에 순서대로 꽂은 후 밀가루를 바르고 달걀물을 묻혀 지져낸다.

꽃게찜

소 양념 : 소금 2/3작은술, 생강즙 · 다진파 · 다진마늘 · 참기름 · 깨소금 · 후춧가루 약간

만드는 법

1. 꽃게만들기 : 게껍질 안쪽 → 식용유 바르기 → 밀가루 묻히기 → 소 넣기 → 밀가루 바르기 → 찜솥에서 15분간 찌기
2. 고명 → 풋고추, 홍고추, 석이버섯, 황 · 백지단

나박김치

만드는 법

1. 국물 만들기
   물을 끓여 식힌다. → 고춧가루를 우려 내어 색을 낸다.
2. 절여진 무, 배추 → 물기 제거 → 면포의 고춧물을 톡톡 두드려 색을 들인다.
3. 재료 → 국물을 부어 소금으로 간하고 실고추를 띄워 낸다.

도라지나물

양념 : 소금 1작은술, 다진파 · 다진마늘 · 다진생강 약간

만드는 법

1. 통도라지 → 껍질을 벗겨 → 6×0.5×0.5cm + 소금 → 물기제거+양념
2. 팬+식용유 → 도라지 볶기+물 3큰술 익혀 → 참기름 1작은술+깨소금 1작은술

밀쌈

소고기 · 표고버섯 양념 : 간장 · 설탕 · 다진파 · 다진마늘 · 참기름 · 깨소금 · 후춧가루 약간

밀전병 : 밀가루 1/2컵, 물 1/2컵, 소금 1작은술

겨자초간장 : 발효겨자 1작은술, 식초 1큰술, 설탕 1큰술, 소금 1/3작은술, 간장 1/6작은술

만드는 법

1. 밀가루는 소금물로 묽게 개어 밀전병을 넓고 얇게 부친다.
2. 밀전병 → 당근, 오이, 죽순, 소고기, 표고버섯 → 지름 2cm 정도로 말아서 4cm 길이로 썬다.

호박죽

만드는 법

1. 늙은 호박 → 얇게 썰어서 삶은 다음 으깨어 체에 내린다.
2. 찹쌀가루 → 물에 개어서 준비한다. → 새알심을 만든다.
3. 호박물을 눌지 않게 저으면서 → 2를 부으면서 젓는다. → 삶아 놓은 팥을 넣고 은근히 끓인다. → 간을 한다(소금 + 설탕)

조리 Point

으스러지도록 푹 삶아내야 체에 거르기 쉽다.

두부선

전체 양념 : 소금 1/2작은술, 다진파 · 다진마늘 · 참기름 · 깨소금 · 후춧가루 약간
고명 : 황 · 백지단, 표고버섯, 실고추, 석이버섯, 비늘잣
초간장 : 간장 1큰술, 식초 1/2큰술, 설탕 1/2큰술

만드는 법

1. 전체 양념 → 두부 + 닭고기 + 홍고추 + 풋고추
2. 젖은 면포 → 두께 1cm 크기로 네모지게 고루 펴기 → 고명 얹기 → 찌기

대추초 · 밤초

대추초 – 만드는 법

1. 대추는 돌려깎기 하여 씨를 뺀다.
2. 대추 안쪽에 꿀을 바른다. → 잣을 3~4개 채워 말아서 오므린다.
3. 냄비 → 대추, 꿀 3큰술을 넣고 조린다.
4. 조려진 대추 → 양쪽 끝에 잣을 박아 담아낸다.

밤초 – 만드는 법

1. 밤은 모양내어 깎은 후 끓는 소금물에 데친다.
2. 조리기 : 냄비 → 밤, 꿀(2큰술)을 넣고 서서히 조린다.

수란

만드는 법

수란기(안쪽에 참기름) → 수란기 데우기(소금+식초) → 익히기 → 침수한다.

죽순채

죽순 · 숙주 · 미나리 양념 : 소금 · 참기름 약간
소고기 · 표고버섯 양념 : 간장 1큰술, 설탕 1/2큰술, 다진파 · 다진마늘 · 깨소금 · 참기름 · 후춧가루 약간
초간장 : 간장 1/2큰술, 식초 1/2큰술, 설탕 1큰술, 소금 1/2작은술, 깨소금 1작은술

만드는 법

1. 죽순 → 빗살 모양으로 썬다 → 데친다 → 볶는다(소금 + 참기름).
2. 고명 → 황 · 백지단

칼국수

표고버섯 양념 : 간장 · 설탕 · 참기름 약간
육수 : 진간장 1작은술, 소금 약간

만드는 법

1. 반죽하여 숙성시킨다.
2. 멸치 → 육수(진간장 + 소금)
3. 국수와 국물(1 : 2)을 담고 표고버섯, 호박, 실고추를 얹어낸다.

규아상

소고기 · 표고버섯 양념 : 간장 1큰술, 설탕 1/2큰술, 다진파 · 다진마늘 · 참기름 · 깨소금 · 후춧가루 약간
초간장 : 간장 1큰술, 식초 1/2큰술, 설탕 1/2큰술

만드는 법

1. 밀가루 반죽은 0.1cm 크기로 밀어 지름 8cm 만두피를 만든다.
2. 만두소 → 오이, 소고기, 표고버섯, 잣
3. 만두피 → 소를 넣고 해삼 모양으로 주름을 잡아 가며 빚는다.
4. 만두 → 찜통에 10분간 찐다.
5. 규아상 6개와 초간장 제출

섭산삼

초간장 : 간장 1큰술, 설탕 1큰술, 식초 1큰술

만드는 법

더덕 → 소금물에 담근다. → 방망이로 두들겨 넓게 편다. → 찹쌀 가루 묻혀 튀겨 낸다.

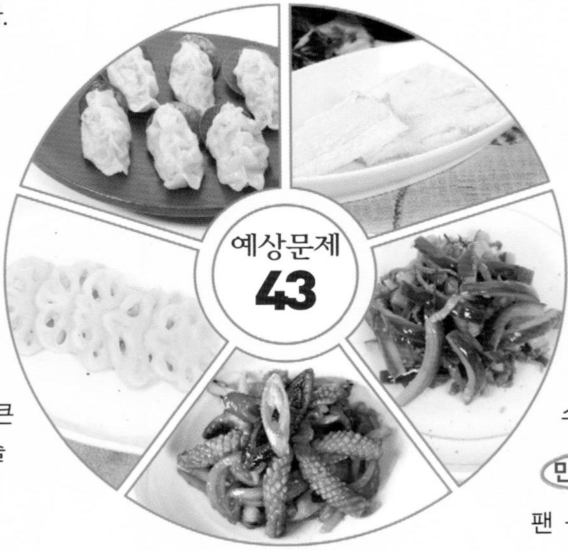

연근전

전체 양념 : 연근 100g, 식초 1큰술, 밀가루 3큰술, 달걀 2개
초간장 : 간장 1큰술, 식초 1큰술, 물 1큰술, 잣가루 1/2작은술

만드는 법

1. 연근 → 껍질 제거 0.3cm 두께+식초물 → 소금물에 데쳐 모양+밀가루+달걀물 → 팬에 지진다.
2. 초간장+다진 잣

오이숙장아찌

소고기 · 표고버섯 양념 : 간장 1큰술, 설탕 1작은술, 다진파 · 다진마늘 · 참기름 · 깨소금 · 후춧가루 약간

만드는 법

팬 → 오이 → 표고버섯 → 고기 순으로 각각 볶는다(참기름, 깨소금, 실고추).

오징어볶음

양념장 : 고추장 2큰술, 설탕 1큰술, 고춧가루 2작은술, 간장 1작은술, 다진파 · 다진마늘 · 다진생강 · 깨소금 · 참기름 · 후춧가루 약간

만드는 법

오징어 → 내장 쪽에 가로 · 세로로 0.3cm 간격으로 어슷하게 칼집을 넣어 5×2cm로 썰고 다리도 4cm로 썬다. → 데친다. → 양념하여 볶는다.

깍두기

고춧가루 양념 : 고춧가루 1/2컵, 설탕 1큰술, 새우젓 3큰술, 다진마늘 1큰술, 다진생강 1/2작은술, 소금 1/4작은술

만드는 법

1. 무는 2×2cm(소금에 절인다) → 체에 건져 놓는다.
2. 생강, 마늘, 새우젓은 곱게 다진다.
3. 미나리, 실파는 4cm 길이로 자른다.
4. 무 → 고춧가루 → 설탕, 새우젓, 마늘, 생강, 소금 → 미나리, 실파

비빔밥

약고추장 : 고추장 1큰술, 설탕 1큰술, 물 1큰술, 다진 소고기 약간

만드는 법

1. 청포묵은 0.5×0.5×5cm 크기로 썰어 데친 후 밑간(소금 + 참기름)한다.
2. 소고기
   ① 일부는 채 썰어서 양념하여 볶는다.
   ② 일부는 다져서 약고추장에 넣는다.
3. 다시마 → 기름에 볶아 잘게 부수어 놓는다.

시금치 토장국

양념 : 된장, 다진마늘, 대파, 소금

만드는 법

쌀뜨물 → 된장 풀기 → 국물멸치(내장제거) 넣기 → 데친 시금치 넣기 → 조개살 넣기 → 다진마늘, 대파(어슷썰기) 넣고 한소큼 끓여 완성

오이선

소고기 · 표고버섯 양념 : 간장 1큰술, 설탕 1/2큰술, 다진파 · 다진마늘 · 참기름 · 깨소금 · 후춧가루 약간

단촛물 : 식초 1큰술, 설탕 1큰술, 물 1큰술, 소금 1/3작은술

만드는 법

1. 오이 → 반 갈라서 푸른 부분이 4cm가 되도록 어슷썰어 칼집을 세 번 넣는다.
2. 제출 직전에 단촛물을 끼얹어 낸다.

장산적

소고기 · 두부 양념 : 소금 1작은술, 설탕 1/2작은술, 다진파 · 다진마늘 · 참기름 · 깨소금 · 후춧가루 약간

조림장 : 간장 5큰술, 설탕 3큰술, 생강편, 마늘편, 대파 1/2대 + 물 3큰술

만드는 법

소고기, 두부 → 다진 후 섞어 양념한다. → 굽는다. → 2cm 크기로 만든다. → 조림장 양념에 조린다. → 잣가루 뿌려 낸다.

두부조림

두부조림 양념장 : 간장 1큰술, 설탕 1/2큰술, 다진파 · 다진마늘 · 참기름 · 깨소금 · 후춧가루 약간 + 물 70ml

만드는 법

1. 두부 → 4.5×3×1cm 크기로 썬다(소금, 후춧가루) → 팬에서 지진다.
2. 대파, 실고추 → 2cm로 채썬다.
3. 두부를 조림 양념장에 넣고 조린다. → 고명을 얹어 낸다.
4. 완성된 두부가 촉촉하게 보이도록 국물을 끼얹어 낸다.

닭찜

닭고기 양념장 : 간장 2큰술, 설탕 1큰술, 다진파 · 다진마늘 · 다진생강 · 참기름 · 깨소금 · 후춧가루 약간 + 물 140ml

만드는 법

1. 닭은 4~5cm 크기로 잘라 물에 데친다.
2. 닭찜 만들기
   양념장 → 닭, 당근, 양파, 표고버섯 넣고 윤기 나게 조려낸다.

다시마 매듭자반

만드는 법

1. 다시마
   ① 젖은 면포로 5분 정도 씨워서 둔다.
   ② 1× 8cm 크기로 자르고 양끝을 V자로 잘라준다.
   ③ 한줄씩 매듭을 짓고, 매듭 사이에 잣과 통후춧가루를 한알씩 넣어서 빠지지 않게 잘 당긴다.
2. 1의 다시마를 식용유에 바삭하게 튀겨 설탕을 뿌린다.

월과채

å소고기 · 표고버섯 · 느타리버섯 양념 : 간장 1큰술, 설탕 1/2큰술, 다진파 · 다진마늘 · 참기름 · 깨소금 · 후춧가루 약간

만드는 법

1. 애호박은 눈썹모양으로 자른다.
2. 전병부치기 → 찹쌀가루 + 밀가루 + 소금물

육원전

소고기 두부 양념 : 소금 1/2 작은술, 다진파(흰부분) 1작은술, 다진 마늘 1/2작은술, 깨소금 1/3작은술, 참기름 1/2작은술, 설탕 약간, 후춧가루 약간

만드는 법

소고기 다지기 → 두부 의깨기 → 양념하기 → 직경 4cm X 두께 0.7cm로 완자 빚기 → 밀가루 묻히기 → 달걀물 → 노릇하게 지져 완성

더덕생채

더덕 양념장 : 고춧가루 1큰술, 식초 1/2큰술, 설탕 1/2큰술, 소금 1/3작은술, 다진파 · 다진마늘 · 깨소금 약간

만드는 법

1. 더덕은 길이 5cm로 썰고 얇게 편 썰어 소금물에 담근다.
2. 물기 제거 후 가늘게 찢는다.
3. 양념장을 만들어 버무려 담아낸다.

두부전골

육수 : 소고기(양지머리) 50g, 대파 1/2대, 마늘 2개, 물+국간장 1작은술, 소금 1/2작은술
소고기 양념 : 진간장 2작은술, 백설탕 1작은술, 다진파 · 다진마늘 · 깨소금 · 검은 후춧가루 · 참기름 약간씩

만드는 법

1. 육수 만들기
2. 두부 3×4×0.5cm 잘라 밑간 → 녹말가루(한쪽) → 팬에 지진다.
3. 지단 → 5×1.2×0.5cm 자르기, 완자 → 5개, 채소 → 5×1.2×0.5cm 잘라 데치기, 실파 → 5cm, 숙주 → 거주절미 후 데쳐 양념
4. 냄비에 무, 당근, 실파, 숙주, 표고, 지단을 돌려 담고 → 중앙(두부, 완자) → 육수 → 끓인다.

다시마 매듭자반

만드는 법

1. 다시마
   ① 젖은 면포로 5분 정도 씌워서 둔다.
   ② 1× 8cm 크기로 자르고 양끝을 V자로 잘라준다.
   ③ 한줄씩 매듭을 짓고, 매듭 사이에 잣과 통후춧가루를 한알씩 넣어서 빠지지 않게 잘 당긴다.
2. 1의 다시마를 식용유에 바삭하게 튀겨 설탕을 뿌린다.

매작과

설탕시럽 : 물 3큰술, 설탕 3큰술

만드는 법

1. 밀가루+생강즙+소금물 → 반죽 → 면포(비닐)
2. 잣가루 만들기 → 반죽을 매작과 모양(2×5×0.3cm) → 설탕시럽 만들기 → 튀기기 + 설탕시럽 → 잣가루 뿌려 완성한다.

양파전

소고기 · 두부 양념 : 소금 · 다진파 · 다진마늘 · 참기름 · 깨소금 · 후춧가루 약간
초간장 : 간장 1큰술, 식초 1/2큰술, 설탕 1/2큰술

만드는 법

양파 → 속을 떼내어 둥근 구멍(밀가루) → 소 넣기 → 밀가루, 달걀물 입혀 지진다.

매작과

설탕시럽 : 물 3큰술, 설탕 3큰술

만드는 법

1. 밀가루+생강즙+소금물 → 반죽 → 면포(비닐)
2. 잣가루 만들기 → 반죽을 매작과 모양(2×5×0.3cm) → 설탕시럽 만들기 → 튀기기 + 설탕시럽 → 잣가루 뿌려 완성한다.

비빔밥

약고추장 : 고추장 1큰술, 설탕 1큰술, 물 1큰술, 다진 소고기 약간

만드는 법

1. 청포묵은 0.5×0.5×5cm 크기로 썰어 데친 후 밑간(소금 + 참기름)한다.
2. 소고기
   ① 일부는 채 썰어서 양념하여 볶는다.
   ② 일부는 다져서 약고추장에 넣는다.
3. 다시마 → 기름에 볶아 잘게 부수어 놓는다.

사슬적

생선살 양념 : 간장 1큰술, 소금 1/4작은술, 다진파 · 다진마늘 · 다진생강 약간
초간장 : 간장 1큰술, 식초 1/2큰술, 설탕 1/2큰술

만드는 법

1. 생선살 → 7×1×0.7cm → 생선살 양념
2. 꼬지에 끼우기 : 생선살(밀가루) → 양념한 고기 → 생선살(밀가루) → 양념한 고기 → 생선살
3. 잣 → 곱게 다진다.

오이생채

생채 양념 : 고춧가루 1큰술, 설탕 1/2큰술, 식초 1/2큰술, 다진파 · 다진마늘 · 깨소금 약간

만드는 법

오이(0.2cm 두께) → 소금에 절인다. → 생채양념을 한다.

완자탕

소고기 · 두부 양념 : 소금 1/2작은술, 설탕 1작은술, 다진파 · 다진마늘 · 참기름 · 깨소금 · 후춧가루 약간

만드는 법

1. 소고기(사태) → 육수 끓인다. → 간한다(국간장+소금).
2. 소고기(살코기), 두부 → 곱게 다진다. → 양념한다.

두부전골

육수 : 소고기(양지머리) 50g, 대파 1/2대, 마늘 2개, 물+국간장 1작은술, 소금 1/2작은술
소고기 양념 : 진간장 2작은술, 백설탕 1작은술, 다진파 · 다진마늘 · 깨소금 · 검은 후춧가루 · 참기름 약간씩

만드는 법

1. 육수 만들기
2. 두부 3×4×0.5cm 잘라 밑간 → 녹말가루(한쪽) → 팬에 지진다.
3. 지단 → 5×1.2×0.5cm 자르기, 완자 → 5개, 채소 → 5×1.2×0.5cm 잘라 데치기, 실파 → 5cm, 숙주 → 거주절미 후 데쳐 양념
4. 냄비에 무, 당근, 실파, 숙주, 표고, 지단을 돌려 담고 → 중앙(두부, 완자) → 육수 → 끓인다.

매작과

설탕시럽 : 물 3큰술, 설탕 3큰술

만드는 법

1. 밀가루+생강즙+소금물 → 반죽 → 면포(비닐)
2. 잣가루 만들기 → 반죽을 매작과 모양(2 × 5 × 0.3cm) → 설탕시럽 만들기 → 튀기기 + 설탕시럽 → 잣가루 뿌려 완성한다.

무생채

무생채 양념 : 식초 1큰술, 설탕 1큰술, 소금 1/3작은술, 다진파 · 다진마늘 · 다진생강 · 깨소금 약간

만드는 법

1. 무 → ① 0.2×0.2×6cm 크기로 채썬다. ② 채썬 무에 고춧가루를 넣어 색을 들인다.
2. 무생채 양념 → 채썬 무 섞어 버무려서 낸다.

사슬적

생선살 양념 : 간장 1큰술, 소금 1/4작은술, 다진파 · 다진마늘 · 다진생강 약간
초간장 : 간장 1큰술, 식초 1/2큰술, 설탕 1/2큰술

만드는 법

1. 생선살 → 7×1×0.7cm → 생선살 양념을 한다.
2. 꼬지에 끼우기 : 생선살(밀가루) → 양념한 고기 → 생선살(밀가루) → 양념한 고기 → 생선살
3. 잣 → 곱게 다진다.

잡채

당면 유장 양념 : 간장 1큰술, 설탕 1/2큰술, 참기름 1큰술
소고기 · 표고버섯 · 목이버섯 양념 : 간장 1큰술, 설탕 1/2큰술, 다진파 · 다진마늘 · 참기름 · 깨소금 · 후춧가루 약간

만드는 법

1. 당면 → 찬물에 불린다. → 삶는다(소금 + 식용유). → 유장양념
2. 팬 → 기름 → 당면 → 모든 재료 → 고명 얹는다(황 · 백지단).

규아상

소고기 · 표고버섯 양념 : 간장 1큰술, 설탕 1/2큰술, 다진파 · 다진마늘 · 참기름 · 깨소금 · 후춧가루 약간

초간장 : 간장 1큰술, 식초 1/2큰술, 설탕 1/2큰술

만드는 법

1. 밀가루 반죽은 0.1cm 크기로 밀어 지름 8cm 만두피를 만든다.
2. 만두소 → 오이, 소고기, 표고버섯, 잣
3. 만두피 → 소를 넣고 해삼 모양으로 주름을 잡아 가며 빚는다.
4. 만두 → 찜통에 10분간 찐다.
5. 규아상 6개와 초간장 제출

무생채

무생채 양념 : 식초 1큰술, 설탕 1큰술, 소금 1/3작은술, 다진파 · 다진마늘 · 다진생강 · 깨소금 약간

만드는 법

1. 무 → ① 0.2×0.2×6cm 크기로 채썬다. ② 채썬 무에 고춧가루를 넣어 색을 들인다.
2. 무생채 양념 → 채썬 무 섞어 버무려서 낸다.

미나리강회

초고추장 : 고추장 1큰술, 설탕 1/2큰술, 식초 1/2큰술, 물 1큰술

만드는 법

1. 편육 → 백지단 → 황지단 → 홍고추 순으로 놓고 미나리로 돌려 감는다.
2. 초고추장을 종지에 담아낸다.

연근조림

조림장 : 간장 3큰술, 설탕 2큰술, 양파 20g, 마늘 2개, 대파 1/2대, 생강 1/2개, 홍고추 1개, 통후추 3개 + 물 1컵

만드는 법

연근 → 식초물에 담군다. → 찬물에서 부터 삶는다. → 조림장 넣어 조린다.

오징어볶음

양념장 : 고추장 3큰술, 설탕 1큰술, 고춧가루 2작은술, 간장 1작은술, 다진파 · 다진마늘 · 다진생강 · 깨소금 · 참기름 · 후춧가루 약간

만드는 법

오징어 → 내장 쪽에 가로 · 세로로 0.3cm 간격으로 어슷하게 칼집을 넣어 5×2cm로 썰고, 다리도 4cm로 썬다. → 데친다. → 양념하여 볶는다.

밀쌈

소고기 · 표고버섯 양념 : 간장 · 설탕 · 다진파 · 다진마늘 · 참기름 · 깨소금 · 후춧가루 약간

밀전병 : 밀가루 1/2컵, 물 1/2컵, 소금 1작은술

겨자초간장 : 발효겨자 1작은술, 식초 1큰술, 설탕 1큰술, 소금 1/3작은술, 간장 1/6작은술

만드는 법

1. 밀가루는 소금물로 묽게 개어 밀전병을 넓고 얇게 부친다.
2. 밀전병 → 당근, 오이, 죽순, 소고기, 표고버섯 → 지름 2cm 정도로 말아서 4cm 길이로 썬다.

북어보푸라기

공통 양념 : 참기름 1큰술, 깨소금 1작은술, 설탕 1작은술

삼색 양념 :

- 붉은색 –고춧가루 1작은술, 소금 1/3작은술
- 흰색 – 소금 1/3작은술
- 노란색 – 간장 1작은술

만드는 법

1. 보푸라기를 3등분한다.
2. 삼색양념을 각각 무친다.

수정과

만드는 법

1. 통계피 + 물 2컵, 생강 + 물 2컵 → 각각 1컵이 될 때까지 끓인다.
2. 통계피물 1컵 + 생강물 1컵 → 황설탕(4큰술)넣고 1컵이 될 때까지 끓인다.
3. 곶감 씨 제거 → 호두(껍질 제거) → 말아서 → 1cm 두께로 썬다.
4. 2에 3과 잣을 띄워 낸다.

해물된장찌개

육수 : 멸치 5마리, 물 + 된장 3큰술

만드는 법

멸치육수에 된장을 풀어서 체에 내린다. → 고춧가루 → 모시조개, 오징어, 표고버섯, 호박, 두부 넣고 끓인다. → 풋고추, 대파, 마늘을 넣어서 완성한다.

화전

시럽 : 설탕 5큰술, 물 5큰술

만드는 법

1. 찹쌀가루 → 체에 내린 후 익반죽(소금물)
2. 팬에 식용유 → 화전 모양을 만든다(이때 불은 켜지 않도록 한다).
3. 화전 모양을 다 만들면 팬에 불을 켜서 약불로 서서히 익힌다.
4. 고명 → 대추 + 쑥갓
5. 화전 → 시럽을 끼얹어 제출한다.

완전합격 한식조리산업기사 실기 출제문제

발 행 일 2021년 9월 5일 개정8판 1쇄 인쇄
2021년 9월 10일 개정8판 1쇄 발행

저자 보장 인쇄

저 자 전경철·전장철·임점희 공저

발 행 처 크라운출판사
http://www.crownbook.com

발 행 인 이상원
신고번호 제 300-2007-143호
주 소 서울시 종로구 율곡로13길 21
공 급 처 (02) 765-4787, 1566-5937, (080) 850~5937
전 화 (02) 745-0311~3
팩 스 (02) 743-2688, 02) 741-3231
홈페이지 www.crownbook.co.kr
I S B N 978-89-406-4473-7 / 13590

특별판매정가 28,000원

이 도서의 문의를 편집부(02-6430-7029)로 연락주시면
친절하게 응답해 드립니다.